**Theory and Practice of Science and Technology
Standardization Assessment**

科技成果
标准化评价
理论与实务

青岛市科学技术局◎组织编写

知识产权出版社
全国百佳图书出版单位

图书在版编目（CIP）数据

科技成果标准化评价理论与实务/姜波主编；青岛市科学技术局组织编写. —北京：知识产权出版社，2018.2（2022.9重印）

ISBN 978-7-5130-5380-8

Ⅰ.①科… Ⅱ.①姜… ②青… Ⅲ.①科技成果—标准化管理—评价—中国 Ⅳ.①G311

中国版本图书馆 CIP 数据核字（2017）第 319095 号

内容提要

本书详细阐述了科技成果标准化评价体系中的相关概念、工作分解结构及其应用方法，重点探讨了成熟度、创新度和先进度的定义，详细评价方法和在科技成果管理、转移转化等工作中的实际作用；为便于科技评估师快速有效地完成评价工作，本书还介绍了常用科技数据库、科技成果评价相关政策，分享了一些评价案例和实用的评价模板。

读者对象：科技评估师、科技管理人员、科研人员、技术经纪人、投资人、创客等。

责任编辑：黄清明 高志方　　　　　**责任校对**：谷 洋
封面设计：陈 曦 陈 珊　　　　　**责任出版**：刘译文

科技成果标准化评价理论与实务

青岛市科学技术局 组织编写

姜波 主编

出版发行：知识产权出版社有限责任公司　　网　址：http：//www.ipph.cn
社　址：北京市海淀区气象路 50 号院　　　邮　编：100081
责编电话：010-82000860 转 8117　　　　　责编邮箱：hqm@cnipr.com
发行电话：010-82000860 转 8101/8102　　发行传真：010-82000893/82005070/82000270
印　刷：天津嘉恒印务有限公司　　　　　经　销：各大网上书店、新华书店及相关专业书店
开　本：720mm×960mm　1/16　　　　　印　张：14
版　次：2018 年 2 月第 1 版　　　　　　印　次：2022 年 9 月第 4 次印刷
字　数：224 千字　　　　　　　　　　　定　价：58.00 元
ISBN 978-7-5130-5380-8

本书编委会

序

　　科技成果是科技工作者辛勤劳动的结晶，也是国家智力支持和物质支持的重要来源，对科技成果的科学评价是检查科学研究任务完成和质量情况、衡量科研人员的贡献大小，以及评估成果的科学意义和应用价值的重要手段，更是科技成果能否转化为生产力的重要前提。改革开放以来，我国科技成果持续产出，技术市场有序发展，如何客观地评价科技成果，如何成功实现科技成果的顺利转化，从而使其真正成为促进我国各项事业发展的生产力，是国内外科研人员和科研管理人员一直探讨的问题。本书的付梓出版，是针对这一问题的积极探索和实践，将对我国科技成果标准化评价和科技成果转移转化产生积极的推动作用。

　　本书是在充分调研、反复论证、积极实践与应用的基础上，"集众人之私，成天下之公"而成。本书建立了基于技术市场化导向的科技成果评价体系，创造性地提出了"创新度"和"先进度"的概念和评价标准方法，由传统的"主观定性"评价转为"客观定量"评价，评估师评价与专家评审互为补充，将成果科学划分为理论成果和应用成果，从而更加全面客观地评价科技成果。全书内容由简入繁，通俗易懂，既突出理论性，又重视实务性，全面系统地阐述了相关的理论知识、评价方法和应用实例等内容，充分阐明了科技成果标准化评价的"青岛模式"，为该标准化评价模式在全国的进一步推广应用奠定了重要的基础。

　　序之为文，当为达作者之意，导读者之心。本书作者及其团队在党和政府相关部门的领导下，在国家出台科技成果转化"三部曲"、国家技术转移体系建设方案的大背景下，深入研究、积极实践，反复探讨，几易其稿，方成此书，旨在为国家科技成果标准化评价及其在成果管理、项目验收和技术交易中的应用，以及促进科技成果的技术转移转化中提出更加科学、客观的评价体系和模式；同时为我国科技成果标准化评价人才的培养提供学习参考的教材，也为科研人员和科研管理人员在科研项目申报、过程管理和评审报奖等方面提供重要的指导。

不积跬步，无以至千里；不积小流，无以成江海。我国的科技成果标准化评价任重而道远，但迈出的每一步都是向着更加科学的科技成果评价方向的关键探索和经验积累。我相信本书的出版，将是对我国科技成果标准化评价体系的进一步完善和提高，所提出的"青岛模式"也是我国科技成果标准化评价的成功应用实践，必将进一步促进我国科技和生产力快速转化和持续发展，从而加快实现中华民族伟大复兴的中国梦！

张志宏

前　言

党的十八大以来，党中央国务院高度重视科技成果转移转化工作，相继出台了《促进科技成果转化法》《促进科技成果转移转化行动方案》和《实施〈促进科技成果转法〉若干规定》等科技成果转移转化系列文件，对科技成果转移转化工作提出了新要求。科技成果评价是成果转移转化工作的重要环节。探索适应不同用户需求的科技成果评价方法，提升科技成果转移转化成功率是新时期面临的新挑战。习近平总书记在全国科技创新大会上指出要改革科技评价制度，建立以科技创新质量、贡献、绩效为导向的分类评价体系，正确评价科技创新成果价值。李克强总理也要求改进科研活动评价机制，加强知识产权保护，营造尊重劳动、尊重知识、尊重人才、尊重创造的良好环境。

长期以来，科技成果评价工作是以科技主管部门对科技成果组织成果鉴定为主，以判别科技成果的质量和水平。该模式在当时的科技体制下，对于促进科技成果转化发挥了积极的作用。但随着我国社会主义市场经济体制的完善和科技体制改革的不断深化，该模式已不符合市场配置科技资源的改革要求、不符合政府职能转变的规范，不满足新形势下对科技成果评价的多样化需求。2016 年 8 月，科技部根据《国务院办公厅关于做好行政法规部门规章和文件清理工作有关事项的通知》（国办函〔2016〕12 号）精神，决定对《科学技术成果鉴定办法》等规章予以废止。

面对科技成果评价现状和科技发展的新形势，建立以市场化为导向的科技成果评价机制是当前创新驱动发展的时代要求。只有形成以市场化为主体、行业规范自律，评估师对评价结论负责、评价机构对评价报告负责并承担法律责任的评价机制，才能最大限度地激发科技创新过程中各类主体的活力，从而尽快满足市场化评价的需求，共同服务于促进科技成果快速转化为社会生产力，提升我国的科技竞争力和综合国力。

科技部自 2009 年开展科技成果评价试点改革以来，通过一期试点加快转变政府职能，二期试点总结经验，大力支持社会专业评价机构的发展，探索市场导向的科技成果评价机制。目前，如何通过第三方对科技成果的科学价值、技术价值、经济价值、社会价值进行评价，如何更多地引入市场机制，规范科技成果评价机构的发展，既为中介服务机构的发展留足空间，又能掌握底线，引导第三方机构健康持续地发展，成为亟待解决的问题。

2009年6月，国家标准GB/T 22900—2009《科学技术研究项目评价通则》正式实施，巨建国教授团队历经几十年引进并完善的科技成果标准化评价体系正式成为国家标准，标志着科技成果标准化评价在我国的诞生。2014年7月，科技部发布了《关于开展二期科技成果评价试点工作的实施意见》，科技成果标准化评价体系正式进入实际应用阶段。青岛市作为二期试点城市之一，积极开展科技成果标准化评价研究和推广工作。在科技部火炬高技术产业开发中心、国家科学技术奖励工作办公室和国家科技评估中心等部门的指导和支持下，青岛市科技局组织青岛市技术市场服务中心、青岛农业大学、中国海洋大学、青岛科技大学等单位的科研专家、科研管理专家和科技评估师组成研发团队，对科技成果标准化评价体系进行了深入研究和完善。研发团队集中研究和分析了国内外关于科技成果标准化评价的相关文献、书籍和标准等资料，走访调研了百余位科研专家、政府科研管理人员、律师，并且结合科技评估师在评价过程中的实践经验，在原有科技成果标准化评价体系基础上，提出了创新度和先进度等新的评价维度，给出了明确的定义和相应的评价操作方法；对工作分解结构与成熟度和创新度的联合应用进行了完善；建立了基于技术市场化导向的科技成果标准化评价的理论和实务操作流程。2017年2月底，青岛市服务业标准规范DB 3702/FW KJ 003—2017《科技成果标准化评价规范》正式发布，初步形成了科技成果评价服务的"青岛模式"。

本书立足提升专业人员科技成果标准化评价技能水平，可作为科技评估师培训教材，也可以作为科研人员、科研管理人员、技术转移中介机构人员或投资机构人员了解科技成果标准化评价体系的参考书。本书在编写中，根据科技成果标准化评价工作的特点，以掌握实用操作技能和能力培养为根本出发点。在内容选择上，本着为科技成果标准化评价工作服务的宗旨，尽量囊括科技成果标准化评价过程中最新的基本理论、方法、工具和操作模板等，从而有助于读者学习和利用书中知识解决科技成果标准化评价相关问题。本书第一章主要介绍科技成果标准化评价的基本知识。第二章主要介绍工作分解结构的相关知识，这一部分主要介绍标准化评价的一个工具，是科技成果标准化评价工作的重要基础。第三章到第五章分别介绍了成熟度、创新度和先进度的定义及详细的评价方法，这部分对于科技评估师来说是需要深入理解的核心内容。第六章主要介绍科技成果标准化评价体系针对不同应用目的发挥的作用，给不同领域的科研工作者以启发，以便于更好地利用该评价体系做好各自的工作。第七章介绍常用数据库，该部分是科技评估师需要掌握的工具性知识，有助于更好地使用科技成果标准化评价体系。第八章通过介绍科技成果标准化评价体系的应用案例，加深读者对标准化评价体系的理解。附录中主要给出了科技评估师在实际评价操作过程中需要用到的实用模板、国家和二期试点城市青岛的科技成果标准化评价相关政策，便于科技评估师快速有效地完成评价工作，加快科技成果评价试点经验的推广。本书希望通过建立明确的科技成果评价指标"度量"的概念，形成一套"科技普通话"，从而促进科技成果转移转化，推进科学技术快速健康发展。

在"青岛模式"的科技成果标准化评价体系建立和本书写作的过程中，巨建国教授团队提出的科技成果标准化评价基本理念对于我们具有重要的指导作用，创新度和先进度基本定义的思路和评价方法也是在其基本理念的指引下完成的。在此对巨建国教授表示特别感谢。在本体系的研究和完善过程中，还得到了很多科研管理人员、科研专家、律师和科技评估师的指导和帮助，在此表示感谢。在本书编写过程中，高校科研院所和企业也积极提供科技成果标准化评价案例，在此对他们表示感谢，其中有：中国海洋大学，中国水产科学研究院黄海水产研究所，青岛海洋生物医药研究院股份有限公司，青岛农业大学，青岛海信日立空调系统有限公司，青岛冠义科技有限公司，青岛海琛网箱科技有限公司，青岛贞正分析仪器有限公司等。

科技成果标准化评价体系现在还处于初级阶段，而且在很长一段时间内都将处于初级发展阶段。尽管经过了一些实践的检验和完善，但是现有体系依然存在一些待解决和待发现的问题。同时鉴于编者水平有限，书中难免有不当之处，希望各位读者批评指正。科技成果标准化评价的完善与发展需要所有科研工作者的共同努力。

目　录

第一章　科技成果标准化评价概述 ·························· 1

1.1　科技成果标准化评价发展历程／1

1.2　科技成果标准化评价体系建立的前提假设和基本原则／4

　　1.2.1　前提假设及解决方向／4

　　1.2.2　基本原则／6

1.3　科技成果标准化评价基本知识／7

　　1.3.1　科技成果标准化评价的定义／7

　　1.3.2　评价标准、规定和方法简介／7

　　1.3.3　咨询专家／8

　　1.3.4　四位一体评价体系／9

　　1.3.5　评价原始材料／12

　　1.3.6　指标体系／12

　　1.3.7　评价报告／14

　　1.3.8　评价基本流程（以青岛市为例）／15

第二章　工作分解结构 ······································ 17

2.1　发展历程／17

2.2　相关概念／18

2.3　基本知识／19

　　2.3.1　WBS 基本分解思路／19

2.3.2　WBS 的作用 / 20

2.4　WBS 建立方法 / 21

　　2.4.1　WBS 的共性 / 21

　　2.4.2　科技成果 WBS 分解方式 / 23

　　2.4.3　WBS 常用的建立方法 / 24

　　2.4.4　WBS 的建立步骤 / 25

　　2.4.5　构建 WBS 的注意事项 / 26

2.5　WBS 的表现形式及其编码 / 26

　　2.5.1　WBS 常见表现形式 / 26

　　2.5.2　WBS 编码 / 28

第三章　技术成熟度评价 ……………………………………… 30

3.1　概　述 / 30

3.2　相关概念 / 30

3.3　技术成熟度等级定义 / 32

　　3.3.1　传统科技发展阶段的定义 / 32

　　3.3.2　等级的基本定义 / 32

　　3.3.3　工艺类技术成熟度等级定义——以化学药物领域为例 / 35

　　3.3.4　软件类技术成熟度等级的定义 / 38

　　3.3.5　副交付物的成熟度等级定义 / 39

3.4　评价方法 / 40

3.5　实际意义 / 42

　　3.5.1　对技术投资的意义 / 42

　　3.5.2　对政府科研项目资助方式的意义 / 44

　　3.5.3　对政府科技奖励的意义 / 45

第四章　技术创新度评价 ……………………………………… 47

4.1　概　述 / 47

4.2　定　义 / 47

4.3　评价方法 / 50

4.4　实际意义 / 51

第五章　技术先进度评价 ……………………………………… 54

5.1　概　述 / 54

5.2　定　义 / 54

5.2.1　基本定义 / 54

5.2.2　应用类技术先进度等级定义 / 57

5.2.3　基础理论类成果先进度等级定义 / 62

5.3　评价方法 / 64

5.3.1　应用类技术先进度评价方法 / 64

5.3.2　基础理论类成果先进度评价方法 / 65

5.4　实际意义 / 66

第六章　科技成果标准化评价结果的综合意义与作用 ……………… 68

6.1　科技成果标准化评价指标的综合意义 / 68

6.1.1　创新度与先进度的综合意义 / 68

6.1.2　标准化评价结果与传统鉴定结果的对应 / 70

6.1.3　成熟度、创新度和先进度三指标的综合意义 / 71

6.2　在科技成果评奖中的作用 / 73

6.3　在技术转移过程中的作用 / 74

6.4　在科技计划项目管理中的作用 / 76

6.5　在研发过程管理中的作用 / 77

6.6　在科技成果管理中的作用 / 78

6.7　在无形资产评估体系中的作用 / 79

第七章　科技成果标准化评价应用案例 ………………………… 82

7.1　科技成果评奖类评价案例 / 82

7.1.1　刺参几种新型养殖模式创建与产业化示范 / 82

7.1.2　扇贝分子育种技术创建与新品种培育 / 84

7.1.3　固相微萃取探针及固相微萃取搅拌棒产业化项目 / 85

7.1.4 夏玉米全程生产机械化关键技术研究与应用 / 86

7.1.5 基于双程镜像均流构架换热的集成型大冷量全变频
多联式中央空调 / 88

7.2 技术交易类评价案例 / 89

7.2.1 深海自平衡沉浮生态养殖网箱 / 89

7.2.2 iguan watch-腕语智能手表 / 91

7.2.3 宠物与毛皮动物重要传染病防控关键技术 / 93

7.2.4 海洋抗肿瘤药物 BG136 系统临床研究项目 / 94

第八章 评价检索常用数据库简介 ······························· 97

8.1 常见科技论文数据库简介 / 97

8.1.1 Science Citation Index（SCI）/ 97

8.1.2 Engineering Index（EI）/ 98

8.1.3 Conference Proceedings Citation Index（CPCI）/ 99

8.1.4 Science Direct OnLine（SDOL）/ 100

8.1.5 中国科学引文数据库（CSCD）/ 100

8.1.6 中国知网（CNKI）/ 101

8.1.7 万方数据知识服务平台 / 102

8.1.8 维普数据库 / 103

8.1.9 中文核心期刊（北大核心）/ 104

8.1.10 论文数据库检索途径 / 104

8.2 常见专利检索资源 / 105

8.2.1 国家知识产权局专利数据库 / 105

8.2.2 美国专利商标数据库 / 106

8.2.3 欧洲专利数据库 / 107

8.2.4 世界知识产权组织专利数据库 / 108

8.2.5 专利信息服务平台 / 109

8.2.6 专利之星检索系统 / 110

8.2.7 SooPat 专利检索系统 / 111

8.2.8 智慧芽 / 112

8.2.9　Derwent Innovations Index / 114

附　录 ·· 115

附录1　科技成果标准化评价规范 / 115

附录2　科技成果标准化评价申请表 / 137

附录3　应用类科技成果评价原始材料编制提纲 / 140

附录4　基础理论类科技成果评价原始材料编制提纲 / 147

附录5　标准化评价咨询问题和专家意见模板 / 153

附录6　科技成果标准化评价报告模板 / 155

附录7　科技成果标准化评价服务平台 / 168

附录8　科技成果标准化评价相关政策 / 171

国家科学技术奖励工作办公室文件 / 171

关于印发《青岛市关于开展二期科技成果评价试点工作的
　　实施方案》的通知 / 175

关于加快科技成果评价试点工作的通知 / 179

关于印发《青岛市科技成果标准化评价试点暂行办法》
　　的通知 / 183

关于印发《青岛市科技成果标准化评价机构管理办法
　　（试行）》的通知 / 192

关于印发《青岛市科技成果标准化评价咨询专家备案
　　管理办法（试行）》的通知 / 197

参考文献 ·· 200

第一章　科技成果标准化评价概述

1.1　科技成果标准化评价发展历程

科技标准化评价最早起源于美国。20 世纪 50 年代，美国就开始探讨科技标准化评价工作。1955 年，美国国防部困惑于如何评价项目的投入产出效果，于是开始研究项目管理的工作结构分解，提出了工作分解结构（Work Breakdown Structure，WBS）的概念。1957 年，美国海军首创计划评审技术（Program Evaluation and Review Technique，PERT）。PERT 是利用网络分析制订计划以及对计划予以评价的技术。它能协调整个计划的各道工序，合理安排人力、物力、时间、资金，加速计划的完成。在现代计划的编制和分析手段上，PERT 被广泛地使用，是现代化管理的重要手段和方法，是科技标准化评价的一种形式。1963 年，美国政府公布《国防部和 NASA 的 PERT/Cost 指南》，该文件是供政府部门、私人企业或公共机构使用的。文件中也赞成采用自上而下地开展 WBS 的方法，使得"脱离了公共的框架就不能制订出详细的计划"。

1993 年美国针对联邦机构绩效评价，颁布了《政府绩效与结果法案》（*Government Performance and Results Act*，GPRA）。该法案是美国自 20 世纪 50 年代以来将绩效与预算相联系的一系列改革的延续，它将这一改革以法律形式确立下来，实现了评价的法制化。1995 年，美国航空航天局（NASA）提出技术就绪水平（Technology Readiness Level，TRL）的概念。2001 年，美国国防部正式采用 TRL 进行技术成熟度测评，实现了真正的科技标准化评价。该评价方法构成了现有科技标准化评价的重要基础和基本理念。2002 年，美国针对联邦机构的所有项目，推行项目评价评级工具（Program Assessment Rating Tool，PART）。PART 是基于 GPRA 用于评价政府项目绩效所采用的评估与排名工具。其设计理念在于：以结果绩效为中心，所有联邦预算项目的绩效都是可测度的。2005 年，美国国防部颁布《技术就绪水平评估手册》，标志着科技标准化评价的进一步完善。

近年来，我国的专家学者也进行了标准化评价的相关研究。其中，最为突出的是巨建国教授团队，他们经过几十年的研究，取得了丰硕的成果。2009 年国家标准 GB/T 22900—2009《科学技术研究项目评价通则》发布，标志着科技标准化评价在我国正式诞生。

2014 年 7 月，科技部发布《关于开展二期科技成果评价试点工作的实施意见》，明确要求在试点范围内不再开展科技成果鉴定，全面实施科技成果评价（涉及国家秘密、国家安全、公共安全等国家重大利益的除外）。明确科技成果评价报告可以作为科技成果登记和推荐科技奖励的佐证材料，积极推动科技成果评价报告在促进科技成果转化过程中的有效使用。

2016 年 8 月，科技部根据《国务院办公厅关于做好行政法规部门规章和文件清理工作有关事项的通知》（国办函〔2016〕12 号）精神，决定对《科学技术成果鉴定办法》等规章予以废止。《科学技术成果鉴定办法》被废止后，根据科技部、教育部等五部委发布的《关于改进科学技术评价工作的决定》和科技部发布的《科学技术评价办法》的有关规定，今后各级科技行政管理部门不得再自行组织科技成果评价工作，科技成果评价工作由委托方委托专业评价机构进行。至此，传统的科技成果鉴定正式退出历史舞台，以市场化方式开展的科技成果标准化评价开始了更为广泛的应用。

青岛市作为科技部科技成果评价试点工作一期和二期的试点城市之一，积极研究和探索科技成果标准化评价的新模式。2009 年 10 月，科技部启动科技成果评价试点工作，青岛是首批试点城市之一。2010 年青岛市科技局下发《关于青岛市科技成果评价工作有关事项的通知》，在全市范围内取消科技成果鉴定，全部改为科技成果评价。在这期间，青岛市科技局规范了科技成果评价工作流程，完善细化了科技成果评价指标体系，建立了分类评价指标体系，编制使用了格式化的专家咨询意见表，便于咨询专家围绕评价量化指标及核心要点进行评价和明确地给出评价意见，有利于评价机构综合所有咨询专家意见。为便于内部工作，建立了成果评价内部审核流转程序，设计并派发成果评价咨询任务单给项目经理，保证了项目按时按质完成。同时，建立了《科技成果评价监督管理办法（内部）》，增强了评价工作人员的责任意识，保障了评价工作的客观性和公正性。

为了进一步深入推进试点工作并探索科技成果市场化评价管理方式，青岛市科技局于 2013 年 6 月采用问卷调查、电话问询和实地调研的方式，开展了全市科技成果评价阶段性试点工作的调研。通过调研，主要反映出科技成果评价服务机构单一、评价队伍专业性弱、评价费用较高及评价效率较低等相关问题。在不断探索和总结经验的过程中，青岛市按照"先行试点、稳步推进"的原则，确定青岛科技工程咨询研究院、青岛机械电子工程学会、青岛市医学会以及青岛市医药行业协会四家机构为青岛市科技成果评价机构，改变试点初期评价机构单一垄断的格局。

2014 年 7 月，根据国家科学技术奖励工作办公室《关于开展二期科技成果评价试点工作的实施意见》，青岛市成为二期科技成果评价试点单位。同年 8 月，青岛市引进巨建国教授团队所创建的科技成果标准化评价体系。同时，青岛市组织高校、科研院所和科技评价机构的科研专家、科研管理专家和科技评估师认真学习并深入研究科技成果标准化评价体系。在原有标准化评价理论体系基础上，青岛市首次提出了创新度和先进度的概念；在评价实践的基础上，建立了创新度和先进度的评判标准和评价方法，并且充实到标准化评价体系中，形成了一套更加实用的标准化评价体系。

截至 2016 年年底，青岛市建立了政府、行业、评价机构和评估师四位一体的科技成果评价工作体系，全力推进评价机构社会化、评价业务市场化、评价方式专业化、从业人员职业化，基本实现了以标准化评价为主的多元化评价新模式体系框架。青岛市共培育社会化综合类科技成果标准化评价机构 30 家，海洋技术转移中心专业领域评价机构 7 家，培养科技评估师 129 名，备案技术领域专家 1043 人，共完成科技成果标准化评价项目 1160 项，其中参评国家级、省级和市级科技奖励的成果管理类评价项目 530 项，科研管理类的评价项目 109 项，技术交易类的评价项目 521 项。青岛市 2016 年科技成果评价需求分布如图 1-1 所示。

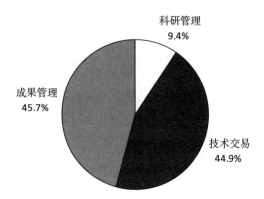

图 1-1　青岛市 2016 年科技成果评价需求分布

2017 年 2 月底，青岛市服务业标准 DB 3702/FW KJ 003—2017《科技成果标准化评价规范》正式发布。该标准是科技部取消科技成果鉴定后，国内首个出台的科技成果标准化评价地方服务规范，融合了青岛市科技成果标准化评价体系建设、实操方法和试点经验，形成了以成熟度、创新度和先进度为核心的评价方法和指标体系，围绕术语定义、基本原则、评价方法和程序等 4 个方面进行了规范制定，为第三方评价机构开展评价服务提供了依据和操作规范。青岛市的科技成果标准化评价在全国先行先试并率先取得成效，初步形成了科技成果评价服务的"青岛模式"。

1.2　科技成果标准化评价体系建立的前提假设和基本原则

1.2.1　前提假设及解决方向

前提假设一：传统的科技成果鉴定主观因素比重过大，客观材料的价值依附于主观判断。影响评价准确性的因素为专家的水平和主观倾向。

对传统的科技成果鉴定过程进行分析发现，专家对于被评成果所在领域的熟悉程度是一个很重要的因素，大部分专家是真正的行业领域内的专家，这一点在鉴定过程中问题并不严重。问题严重的因素是专家的主观倾向。由于传统的鉴定涉及的成果非常多，不可能实现真正的盲评，使得鉴定结果不仅受到自身水平因素的影响，还受到利益关系或专家个人品质的影响。当面对大量科技成果时，这种专家鉴定方式中的主观倾向对评价结果公正性的影响是不可忽视的。

解决方向：将专家作用前置，由专家在不针对某个具体技术时，根据科研基本规律、相关原则和评价导向进行研讨，制订出统一的评价标准。在具体进行科技成果评价时，以评价标准来确定客观材料的价值。这种评价过程以评价标准为主导，可以极大地提高科技评价的客观性。

前提假设二：传统评价的结果过于简单（定性结论或打分），与科研实践的联系不够紧密，无法用于指导科研过程或技术转移。

解决方向：发现科研实践过程中的关键点，制定符合科研规律的评价标准，结合工作分解结构，实现细分化评价，使科技评价的结果能够用于指导科研过程，能够促进技术转移过程中的价值判断。

前提假设三：相关的第三方检测或查新报告、论文或专利等是不完美的，但总体可信度是较高的。

解决方向：研究现有第三方机构和参照物的可信度，通过提高机构或论文的层次来提高其可信度，并且在建立指标等级定义时尽可能全面地考虑这些不完美的因素，将其负面效应降到最低。或者通过完善理论体系，进而指导第三方机构配合标准化评估进行改革。

前提假设四：社会化的评价机构相对于政府主导的评估机构而言，其公信力有所降低。但是这种社会化的方向是正确的。

解决方向：要提升社会化评价机构的公信力，必须建立较为全面的评价标准、详细的操作流程、相关模板、审核体系、奖惩体系和评估师执业培训体系，规范社会化评价机构的管理，提升其业务水平，从而得到科技工作者的认同；同时，加强标准化评价理念的宣传，提高科研人员和科研管理人员对标准化评价体系的认识水平，建立对社会化评价机构的认同感。

前提假设五：社会化的评价机构是以营利为目的的。

解决方向：该前提是标准化评价改革能否成功的一个重要因素，社会化的评估机构只有在赢利的情况下才能实现可持续发展。因而科技主管部门应建立完善的、简单可行的评价标准、评价网络平台，尽可能为评价机构提供便利，在确保评价报告质量的基础上，降低评价成本。同时，要加强行业监管，防止乱收费现象。

1.2.2 基本原则

科技成果标准化评价作为一个新型的评价方法，在应用和研究中需要坚持三个主要的原则。

（1）目的性原则——有目的才有方向

科技评价的目的包括成果评奖、科技管理、科技项目管理、技术交易等，不同评价目的所需要的评价指标体系有所不同，每个评价指标在评价过程中发挥的作用也有所不同，具体的评价方法也有所区别。因而，在进行标准化评价体系建设和开展标准化评价工作时，必须要确定明确的评价目的。

（2）科学性原则——必须符合科学研究的基本规律

科学性原则是确保评价结果准确合理的基础。一项评价活动是否科学很大程度上依赖其指标、标准、评价程序等是否科学。科技成果标准化评价体系的科学性主要是指以下3个方面：

①特征性。标准化评价指标的评判标准应符合科技的基本特征和科研的基本规律。

②准确一致性。标准化评价指标的概念要准确，含义要清晰，尽可能避免主观判断。指标体系内部各指标之间应协调统一，指标体系的层次和结构应合理。

③完备性。标准化评价指标体系应围绕评价目的，全面反映被评价对象，不能遗漏重要方面或有所偏颇。

（3）现实的可能性原则——能实现才有意义

评价活动是实践性很强的工作，标准化评价体系的可实现性是确保评价活动实施效果的重要基础。评价体系应适应评价的方式、适应评价活动对时间和成本的限制，适应成果完成方对评价体系的理解接受能力，适应评价报告使用者对评价体系的理解程度和判断能力，适应现有的信息基础。

这些原则相互联系，相互制约，只有把握这些原则的根本特点，并在评价实践中不断思考，才能将科技成果标准化评价工作做好，才能不断完善评价体系。

1.3　科技成果标准化评价基本知识

1.3.1　科技成果标准化评价的定义

科技成果标准化评价的定义：根据相关评价标准、规定、方法和专家的咨询意见，由科技评估师依据科技成果评价原始材料通过建立工作分解结构细分化地对每个工作分解单元的相关指标进行等级评定，并得出标准化评价结果的评价方法。

该定义涉及科技成果标准化评价的各种基本元素：评价标准、咨询专家、科技评估师、评价原始材料、工作分解结构、工作分解单元、相关指标、标准化评价结果。这些元素构成科技成果标准化评价的主体，如何理解这些元素的作用，并与实际的科技评价应用紧密结合，是科技成果标准化评价工作的关键。通过定义可以看出，科技成果标准化评价的结果是相关指标的标准化评价结果，评价过程的组织人员是科技评估师，所依据的根本材料是成果完成方提供的评价原始材料，确定最终结果的最主要因素是评价标准，次要因素是咨询专家。工作分解结构是评价过程的一个细分工具。需要注意的是，本书中所讨论的科技成果标准化评价所针对的评价对象为自然科学类的科技成果，社科类成果的评价可以按此建立相应的评价体系。该定义将这些元素串联起来，只有深入了解每个元素，才会对标准化评价有一个完整、清晰的认识。

1.3.2　评价标准、规定和方法简介

按标准进行评价是科技标准化评价的核心理念。标准的制订过程是将专家作用前置，由各专业领域的科研专家、科研管理专家根据科研的基本规律研究并发现科研过程中的关键点，制订符合科研规律的评价标准和评价方法。由于在制订评价标准的过程中不是针对某一个具体的项目，而是以科研基本研究规律和正确的科技研发导向为依据，所以保证了评价标准的客观性，从而实现了科技成果标准化评价的客观性。

科技成果标准化评价定义中的相关评价标准、规定、方法是指国家和地

方主管部门颁布的相关评价标准、发布的评价相关政策、规定和为标准化评价所建立的相关评价方法。

适用于科技成果标准化评价的标准：

（1）国家标准 GB/T 22900—2009《科学技术研究项目评价通则》；

（2）青岛市服务业标准规范 DB 3702/FW KJ 003—2017《科技成果标准化评价规范》。（见附录1）

科技成果标准化评价相关政策规定：

（1）国家科学技术奖励工作办公室《关于开展二期科技成果评价试点工作的实施意见》（国科奖字〔2014〕28号）；

（2）《青岛市关于开展二期科技成果评价试点工作的实施方案》（青科成字〔2014〕3号）；

（3）《青岛市科技成果标准化评价试点暂行办法》（青科创字〔2014〕42号）等；

（4）关于印发《青岛市科技成果标准化评价机构管理办法（试行）》的通知（青科创字〔2015〕19号）；

（5）关于印发《青岛市科技成果标准化评价咨询专家备案管理办法（试行）》的通知（青科创字〔2015〕20号）等。

科技成果标准化评价相关方法：

（1）工作分解结构建立的方法；

（2）技术成熟度评价方法；

（3）技术创新度评价方法；

（4）技术先进度评价方法等。

科技成果标准化评价现在仅处于试点阶段，可用的国家标准相对较少，还不够完善；所依据的相关政策和规定大部分是试点城市发布，适用的范围较小；评价中所用的各种评价方法还有待于进一步完善。但是，随着科技成果标准化评价理论和实践的不断完善和发展，可用的标准会越来越多，应用范围也将不断增大。

1.3.3　咨询专家

科技成果评价是一个复杂的过程，评价标准永远不可能将所有科技成果的指标都标准化。因此，对于标准化评价过程中标准无法涵盖的相关内容，例如创新度的创新范围、先进度对照指标的水平等就需要由相关研究领域的专家给出咨询意见。在标准化评价过程中，专家的参与方式由专家评审制变为专家咨询制。

咨询专家定义：

咨询专家是指在科技成果标准化评价过程中，由评价机构聘请的、熟悉被评成果研究领域的、对成果评价过程进行专业咨询的专家。

咨询专家的基本资质要求：

（1）业务水平较高，通常应具备副高以上职称；

（2）研究领域为被评成果相关专业领域；

（3）与该成果的任何一个完成人都不能在同一个法人单位。

咨询专家的职责：

（1）详细了解该项目的基本信息。

（2）解答科技评估师在评价过程中遇到的专业问题。

（3）审核标准化评价报告初稿，并对《科技成果标准化评价咨询问题和专家意见》（详见附录5）表格中所提出的具体问题给出专家咨询意见和修改意见。

（4）审核修改后的标准化评价报告，若有问题，可要求评估师再次修改，若同意该报告中的相关评价，则需在打印版的综合结论页和专家意见页签字。

（5）提供如下职称证明材料之一：

①职称证书复印件；

②单位官网含职称的个人简介截图；

③官方发布的职称评定名单文件。

1.3.4　四位一体评价体系

科技成果标准化评价实行"政府、行业、评价机构、科技评估师"四位一体评价体系。各要素的具体定义和分工如下。

1.3.4.1　政　府

政府是指科技行政主管部门，主要负责制订科技成果标准化评价相关政策和出台相关方案。

1.3.4.2 行 业

行业是指行业服务机构，其定义为：为科技成果评价工作提供公共服务的机构。主要工作包括：承担科技成果评价体系建设与规范化管理，引导和支持符合条件的社会专业评价机构开展科技成果评价，开展科技成果评价机构资质认定、考核、监督、管理工作以及科技成果标准化评价培训、科技评估师资质认定、考核管理，并对科技成果评价报告进行备案管理等。

1.3.4.3 评价机构

评价机构是指科技成果评价机构，其定义为：经行业服务机构资质认定，具有科技成果标准化评价业务能力，能够独立接受委托，并提供科技成果标准化评价服务的服务机构。科技成果评价机构根据相关行业规范提供专业化评价、社会化服务，受托开展评价并对评价过程及结论承担法律责任。

1.3.4.4 科技评估师

科技评估师是随着科技成果标准化评价发展诞生的一个新职业分类。科技评估师定义为：在评价过程中根据评价标准及相应的评价要求，指导被评价方提供符合标准规定并符合研发基本规律的相关材料，并根据被评价方所提供的所有材料，对技术的相关指标进行等级划分，借助专家的咨询，最终完成标准化评价报告的人员。

科技成果评价工作具有较强的专业综合性，涉及科研、项目管理、财务、信息检索等各方面的专业知识。科技评估师是第三方评价机构的核心人员，是标准化评价体系的实践者，在科技价值发现中发挥着重要作用。科技评估师需具备以下基本能力：

（1）对科技成果标准化评价体系深入掌握和理解的能力。科技成果标准化评价体系是科技评估师在工作中应用的最基本的体系，必须深入掌握和理解，并且能够与实际科研过程密切结合，能够熟练运用该体系解决评价过程中的问题。该能力是科技评估师区别于一般科研人员的重要表现。

（2）掌握工作分解结构理论，能熟练运用该工具对拟评科技成果开展工作结构分解。工作分解结构是项目管理中的一个工具，在科技成果标准化评价中也发挥着重要作用。工作分解结构一般应由成果完成方来完成。但是，鉴于工作分解结构在我国没有得到广泛的推广应用，在实际评价中，科技评估师需要指导成果完成方构建成果的工作分解结构。因而，掌握科技工作分解结构对于科技评估师尤为重要。

（3）科研论文和专利等的基本信息检索能力。在评价过程中，成果完成方会提供相关材料，科技评估师必须具备通过信息检索验证这些材料和通过信息检索补充相关信息的能力。

（4）了解论文、专利、标准及检测机构等评价要素的权威性。在各评价指标等级定义中，会涉及多个要素，只有对这些要素的权威性把握准确，才能够由此准确判断相应指标的等级。

（5）掌握被评科技成果领域的基本专业知识。这是一个基础要求，只有掌握其基本专业知识，才能够将评价体系与所评技术密切联系，才能够理解相关证明材料所能证明的等级，才能得出准确的评价结果。与传统的鉴定不同之处在于，科技评估师不一定是被评科技成果所在领域的专家，只要掌握该领域的基本知识即可，对于个别深刻的专业问题，可以由咨询专家解答。

（6）掌握财税基本知识。在对技术进行成熟度和经济效益评价时，都会涉及发票、纳税证明、审计报告、财务报表、经济效益证明等材料，科技评估师应能够提取其中的核心数据，进行基本分析。

（7）具备一般的专业英语的识读能力。在评价过程中，经常会涉及英文文献和英文参照物，科技评估师应能够阅读基本的英文材料。

以上所列知识仅为一些基本能力。科技评估师不仅应该具备相关的评价技能和专业基本知识，更重要的是，应该具有较强的职业自律性，科技评估人员必须遵守以下职业道德：

（1）严格遵守国家有关法律法规，执行国家的有关政策，坚持独立、客观、公正和科学的原则；

（2）奉行求实、诚信、独立的立场，在承接业务、评估操作和报告形成的过程中，不受其他任何单位和个人的干预和影响；

（3）不以主观好恶或个人偏见行事，不能因成见或偏见影响评估的客观性；

（4）自觉维护用户合法权益；

（5）廉洁自律，不利用业务之便牟取个人私利。

1.3.5　评价原始材料

科技成果标准化评价原始材料是科技评估师和咨询专家了解被评科技成果最主要的信息来源，应包含科技评价所需的基本信息。原始材料由成果完成方根据成果的实际情况按编制提纲编制，内容主要包括三部分：技术介绍、技术分解和对比分析、附件材料。

在技术介绍部分中，需要详细描述被评科技成果的基本情况、国内外研究现状、研究经过、技术创新点、先进性、技术发展阶段、经济和社会效益，以及项目团队的情况等内容，全面反映被评科技成果的相关信息，使咨询专家和科技评估师能够根据材料全面了解该技术的各指标信息，从而结合标准做出准确的判断。

在技术分解和对比分析部分，成果完成方需根据技术的实际研发情况对其进行技术分解并对每个技术模块的成熟度和创新度进行描述，使技术以细分化的形式展示。科技评估师在该部分应对成果完成方进行技术分解方法的指导，从而建立完善的工作分解结构，并实现工作分解单元与各指标的准确对应。

在附件材料中，成果完成方需提供前面两部分中所提到的关键信息的证明材料。所有证明材料须按照国家标准 GB/T 7714—2005《文后参考文献著录规则》进行文中标注和文后著录，并在文后每条证明材料信息后面提供符合标准化评价标准要求的相关图片。

根据科技成果类型的不同，所需准备的原始材料也略有不同，共分为两类，应用类（见附录3）和基础理论类（见附录4）。

1.3.6　指标体系

科技评价常见的评价目的有成果评奖、项目管理和技术交易等，不同的评价目的需要不同的指标体系。指标体系应是对评价对象的本质特征、结构及其构成要素的客观描述，应为相应的评价活动的目的服务。而衡量一个指标体系是否合理有效的一个重要标准是看它是否满足评价目的的要求。指标体系是科技评价体系中的核心内容，科学而适用的评价指标体系是做好评价工作的基础。正如前言中所提到的，对于科技来说，该从哪些角度来评价呢？

需要哪些指标呢？指标数量越多越好吗？从科学性原则中对完备性要求的角度来看，评价指标体系应能够针对评价目的，全面反映评价对象的价值，因此，指标越多越好。但是，从现实的可能性原则的角度来看，指标体系应适应多种情况的要求，应具有普适性，能够满足能客观评价的要求。这两个原则是相互制约的。在有些评价体系中，动辄有几十个甚至上百个评价指标，但是这些指标仅仅是列出而已，全部需要专家凭主观感觉去打分，有些甚至没有任何打分的依据。而且，这些指标并不都是相互独立的，往往存在若干的重叠。这就大大降低了指标的作用，最终的结果也就失去了客观意义。优秀的评价指标应该能使人根据评价结果在思维中形成一个形象的认识，从而有助于做出正确的判断。每一个重要指标可以理解为了解被评科技成果的一个维度，如果不经过科学的研究和筛选，过多的维度反而会干扰人们对于技术的准确把握，降低评价过程的客观性和评价结果的实用性。那么需要几个指标合适呢？需要哪些指标呢？该问题没有统一的答案，本书在指标体系建设过程中，通过以下几个步骤对评价指标进行了筛选和提炼，最终确定了 5 个核心评价指标。

（1）罗列所有可能的指标。根据对"科技"本身的研究和文献中的信息将可以用于科技评价的指标全部列出。这些指标名称各不相同，所表达的内容也不相同，但是有很大的重叠部分。

（2）筛选能体现科技本质特征的指标。将前面罗列出的指标进行比较和研究，删掉不重要又相互重叠的指标。

（3）确定可以客观评价的指标。研究上一步剩余指标与客观材料的对应性，去除无法实现客观评价的指标，比如"技术风险"等。最终得到的指标即为本书所探讨的核心指标。

按照目的性、科学性和现实的可能性的原则，科技成果标准化评价指标体系包括 5 个指标，即成熟度、创新度、先进度、效益和项目团队。成熟度的作用是体现技术自身发展阶段的纵向对比，创新度和先进度的作用是分别从"新不新"和"效果好不好"两个角度与其他同类技术所进行的横向对比。成熟度、创新度和先进度这 3 个指标是观察技术的 3 个重要维度，对于体现"科技成果"本身的价值具有重要的作用。在第三章到第五章中将分别对这 3 个指标进行详细介绍。

效益包括经济效益和社会效益。效益分析主要是通过证明材料确定被评成果在推广应用过程中所取得的销售额、新增利润和社会效益。可以用于支撑效益分析的材料包含但不局限于以下材料：审计报告、销售发票、应用证明、推广合同等。

项目团队指标主要反映项目团队人员的基本信息，包括姓名、技术职称、文化程度、工作单位和对成果的贡献等。这些信息可以用于确认成果完成人的顺序，判断成果完成团队的整体水平。该指标在以成果评奖或技术交易为目的进行评价时，具有一定作用。

本书中所介绍的评价指标为基本评价指标，这些评价指标在大部分应用目的中都能发挥重要的作用，具体的作用方式将在第六章中详细介绍。但如果要做更为细致的评价，可以在本评价体系的基础上再增加其他指标。

1.3.7 评价报告

科技成果标准化评价报告是科技成果标准化评价过程的最终交付报告，其作用是展示被评科技成果的核心研究内容、各指标的评价过程并展示最终的评价结论。评价报告主要由以下几部分组成（详见附录6）。

（1）综合评价结论。该部分总结被评科技成果的主要研究内容，综合展示后面各部分单向指标评价结论，并由此给出综合结论。该部分是评价报告的核心部分，相当于整个报告的摘要。

（2）科技成果概述。该部分详细介绍被评成果的研究内容、所取得的相关业绩等。

（3）技术成熟度评价。根据证明材料分析被评科技成果各个工作分解单元的成熟度，并确定该技术的整体成熟度。

（4）技术创新度评价。总结被评成果各工作分解单元的创新点，并根据技术创新度评价方法，确定成果的创新度。

（5）技术先进度评价。利用技术先进度的评价方法确定各指标的先进度，并由多个指标的先进度等级确定成果的整体先进度等级。根据研究类型的区别，该部分的评价模板分为应用研究和理论研究两部分，实际评价时需根据不同的研究类型选择合适的模板。

（6）效益分析。分析被评成果的前期投入情况、经济效益情况和社会效益等情况。

（7）项目团队评价。列出成果第一完成人的详细信息，并列出项目团队的基本信息。

（8）专家咨询意见。列出咨询专家的基本信息和专家意见。由于在标准化评价过程中，科技评估师要根据专家的意见对报告进行修改，因而，凡是已经在报告主体中体现的意见在此不再重复列出。但是对于报告中没有体现的，有争议或需要特别说明的问题需要在该部分列出后，再由专家签字。

（9）附件。附前面评价原始材料采集要求所涉材料。所有的证明材料均需按照国家标准 GB/T 7714—2005《文后参考文献著录规则》进行文中标注和文后著录，同时，需要将证明材料的关键页的截图插入相应的著录之后。

1.3.8　评价基本流程（以青岛市为例）

青岛市科技成果标准化评价服务基本流程如图 1-2 所示。评价过程有包括以下几方面。

（1）客户委托。由评价委托方向评价机构提出科技评价申请，提交评价申请表（见附录2），确认评价目的、评价对象等基本信息。

（2）接受委托并签订合同。科技评价机构根据自身评价范围和评价能力确定是否接受委托。一旦接受委托，双方需签订评价合同，约定有关评价的要求、完成时间和费用等。

（3）评价原始材料收集。科技评估师指导委托方根据《标准化评价原始材料编制提纲》（见附录3和4）准备评价原始材料。

（4）聘请咨询专家。评价机构根据评价技术所在的专业领域聘请符合要求的咨询专家。

（5）科技查新。根据委托方提交的创新点和专家对科技成果创新点的咨询意见，委托查新机构进行查新和情报文献分析。

（6）核心指标评价。科技评估师根据项目基本信息、查新报告、第三方检测报告、发票、应用证明、审计报告等材料，按照评价标准、规定和方法对科技成果进行标准化评价，在咨询专家的指导下，确定成熟度、创新度、先进度的等级，确定经济效益的数值以及确定团队的重要信息。

（7）完成科技评价报告初稿。科技评估师根据评价结果撰写科技成果标准化评价报告，并由咨询专家进行审核确认。

（8）评价报告备案审核。评价报告确认无误后，科技评估师应通过评价系统提交评价咨询专家信息、评价基本信息、评价报告及关键证明材料。备案管理机构负责对提交的材料进行审核。审核不合格的报告退回评价机构修改后重审。

（9）完成评价报告终稿。评价报告审核通过后，系统自动生成报告编号，评价机构打印评价报告，并且由科技评价机构盖章，评估师和咨询专家签字后，到技术市场服务中心备案，加盖青岛市科技成果标准化评价专用章，评价报告生效。

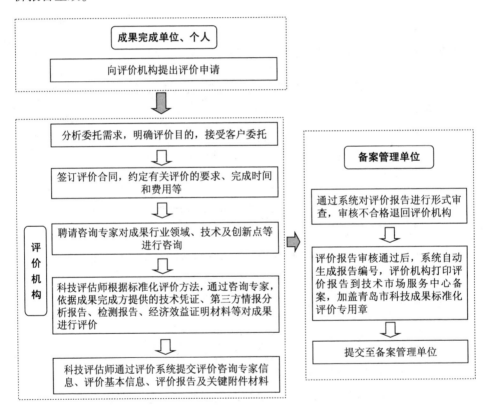

图1-2　青岛市科技标准化评价服务流程

第二章　工作分解结构

2.1　发展历程

工作分解结构（Work Breakdown Sturcture，WBS）可以全面系统地分析项目过程，是一项非常有效的项目管理基础性方法，其逐渐发展成为科技成果标准化评价的一个重要工具。早在 1955 年，美国国防部困惑于如何评价投入产出效果，开始研究工作结构分解，并提出了工作分解结构的概念；1964 年 8 月，美国政府出版了"计划评审技术"实施手册，其中包括对 WBS 的讨论。该文件是供政府部门、私人企业或公共机构使用的。文件中也赞成采用自上而下地开展 WBS 的方法，使得"脱离了公共的框架就不能制订出详细的计划"。文件指出，计划、进度计划和网络计划可以在没有 WBS 的情况下开发，但是这样的计划和进度计划可能不完全，或者与项目目标或输出产品的要求不一致。[1] 1968 年，美国国防部颁布 MIL-STD-881A《防务装备项目工作分解结构》。之后"工作分解结构"这一词在美国已被广泛使用，在国际上 WBS 也被广泛应用于大型的工程项目。1997 年，ISO/TC176/SCI 国际标准化组织质量管理和质量保证技术委员会将其写入《质量管理——项目管理的质量指南（ISO1000）》国际标准，并指出"在工程项目中应将项目系统分解成可管理的活动。"[2]

经过多年的发展，工作分解结构的理念现已经在欧美全面推广使用，几乎所有的科研项目招标都离不开它。而且，工作分解结构的相关理论已经进入项目管理泰斗罗德·科兹纳教授编著的《项目管理：计划、进度和控制的系统方法》一书中，成为美国大学的教材。

---

[1] 格雷戈里·T. 豪根. 有效的工作分解结构［M］. 北京广联达慧中软件技术有限公司，译. 北京：机械工业出版社，2005：101-112.

[2] 魏永涛. 工作分解结构 WBS 技术［J］. 中国高新技术企业，2011（25）：50-52.

　　工作分解机构在我国也得到了一定程度的推广和应用，尤其是在国防领域❶和软件工程❷等领域的项目管理中得到了较为广泛的应用。在 1994 年我国颁布了国家军用标准 GJB2116—94《武器装备研制项目工作分解结构》，给出了武器装备研制项目工作分解结构的编制和使用要求，规范了武器装备研制项目的实施。在中国知网数据库中以主题词"工作分解结构"为检索条件进行文献检索，可以得到 77 篇相关文献，其中以航空领域的研究最多，总共涉及十几个领域的工作分解结构应用研究。由此可见，工作分解结构在我国得到了一定程度的发展，但是还处于应用的初级阶段。

　　科技成果标准化评价是科研项目管理中的一个重要环节，因而，工作分解结构在科技成果标准化评价中的应用与其在普通项目管理中的应用是一脉相承的。结合科技成果标准化评价特点后，工作分解结构能够发挥出更大的作用。

2.2　相关概念

　　工作分解结构（WBS）：一种面向可交付成果的项目元素分组，这个分组组织并定义了全部的项目工作范围。每下降一级都表示一个更加详细的项目工作的定义。

　　工作分解单元（Work Breakdown Element，WBE）：在工作分解结构中能够独立表达、独立测量、独立评价的基本单元。

　　母 WBE：WBS 中处于上一级的 WBE 相对下一级 WBE 的称谓。

　　子 WBE：WBS 中处于下一级的 WBE 相对上一级 WBE 的称谓。

　　根 WBE：处于 WBS 最上一级的 WBE。

　　交付物：任何一项可以测量的、有形的、可证实的结果或可见效果，或者一件为完成整个部分的项目所必须产出的制品。当用于外部可交付成果时含义更加狭窄，必须是经项目发起人或客户接受的可交付成果。包括主交付物和副交付物。

　　主交付物：为所交付的核心内容，类型包括硬件、软件、工艺、方法、

---

❶ 聂亚军. 工作分解结构（WBS）在发动机型号研制中的应用 [J]. 航空发动机，2007（01）：51-54.

❷ 熊耀华，陈传波. 软件项目工作分解结构模型研究 [J]. 计算机应用研究，2006（08）：19-21.

服务或商业模式等。

副交付物: 为所交付核心内容的载体,类型包括标准、专利、论文、著作、报告、培训、试验、图纸、文件和合同 10 种类型。

最终交付物: 通常指交付顾客或者构成项目经理对顾客承诺的一部分的硬件、软件、工艺、方法、服务或商业模式等。

2.3 基本知识

2.3.1 WBS 基本分解思路

以"新汽车开发项目"为例来介绍 WBS 的基本原理。开发一种新型汽车是一项工作量巨大的项目。当总项目负责人面对一个"新汽车开发项目"时,首先根据汽车的结构特征,将项目分为底盘、发动机、车身和电气设备四部分,每一部分设立一个项目组,每个项目组根据要求负责研发或采购相应的部分。每个项目组的负责人在安排任务时也要明确分工,以发动机组为例来说明。汽车发动机由两大机构五大系统组成,包括曲柄连杆机构、配气机构、燃料供给系、冷却系、润滑系、点火系和起动系。发动机组的负责人会成立 7 个子项目组负责研发或采购相应的部件。根据实际工作需要,每个子项目组的负责人还可以继续分解,直到将每项工作都落实到具体的人员。经过这样的工作分解,"新汽车开发项目"这个任务就由整体变成可以落实到具体人员的简单任务。该任务的分解过程就是工作分解结构的建立过程,将该任务分解形成的框架图列出来即为该项目的工作分解结构,如图 2-1 所示。

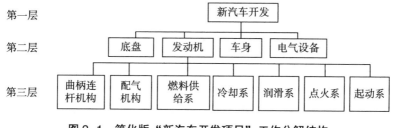

图 2-1 简化版"新汽车开发项目"工作分解结构

因而,建立科研项目工作分解结构就是对完成该项目的每一步进行定义和分类。"每一步"都很重要，因为有效的工作是一步一步完成的。对一个项目来说，我们需要自下而上定义"每一步"，或者采用自上而下的"分解"过程将一个项目细分为几个主要部分。无论用任何方法，目的都是开发一种项目所要进行的工作分解结构。

工作分解结构的目标是建立一个有用的框架，以帮助定义和组织工作，然后开始做这项工作。对于评价而言，WBS的目标是建立一个有用的框架，从而进行细分化评价。从项目管理的角度来说，在建立一个WBS和评估分解逻辑时，百分之百规则是最重要的标准。该规则是指：一个WBS元素的下一层分解（子层）必须百分之百地表示上一层（父层）元素的工作。❶

2.3.2 WBS 的作用

WBS是项目管理众多工具中最有价值的工具之一，它给予人们解决复杂问题的思考方法——化繁为简，各个击破。在科研项目管理中，WBS同样能够发挥重要的作用。WBS的基本原理是在同时满足上一级和下一级需求的前提下，给出一个科研工作的基本秩序。这个科研工作的基本秩序为每一个WBE提供一个唯一坐标，相当于一个人的身份证，便于科研全流程的管理。通过WBS，项目团队得到完成项目的工作清单，从而为日后制订项目计划时工期估计、成本预算、人员分工、风险分析、采购需求等工作奠定基础。WBS有6个具体作用。

（1）WBS能保证所有任务都识别出来，并把项目要做的所有工作都展示出来，不至于漏掉任何重要任务，便于科研任务的完成。

（2）WBS清晰地给出可交付成果，明确具体任务及相互关联，为不同层级的管理人员提供适合的信息。高层管理人员处理最终交付物，一线主管处理子WBE的交付物，使项目团队成员更清楚任务的性质，明确要做的事情。

（3）容易对每项分解出的活动估计所需时间、所需成本，可应用于计划、进度安排和预算分配，也可将小工作包的预算与实际成本汇总成更大的实际

---

❶ 格雷戈里·T. 豪根. 有效的工作分解结构［M］. 北京广联达慧中软件技术有限公司，译. 北京：机械工业出版社，2005：106.

元素。

（4）通过 WBS，可以确定完成项目所需要的技术、人力及其他资源。

（5）WBS 为管理人员提供计划、监督和控制项目工作的数据库，能够对项目进行有效的跟踪、控制和反馈。

（6）WBS 定义沟通渠道，有助于理解和协调项目的多个部分。WBS 可以显示工作和负责工作的组织单位，使问题可以得到很快的处理和协调

WBS 是项目管理中最重要的文件之一，一个结构不良的 WBS 很可能会使项目最终成本比估算高，并且需要重做大量的工作以弥补在 WBS 中未列出的工作，更严重者甚至会导致项目夭折。因此，建立一个好的 WBS，可以维护项目健康，极大地提高工作效率，从而推动科研工作健康快速地开展。

2.4 WBS 建立方法

2.4.1 WBS 的共性

建立一个有效的 WBS，要对 WBS 的构成进行深入了解。项目的类型不同，WBS 的类型就会不同，每一个 WBS 又有独有的元素。但是，所有 WBS 也有其共性，构建的基本原理是一致的。所有的 WBS 结构都有图 2-2 所示 5 种类型中的两种或更多种第二层元素。

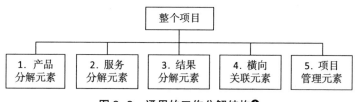

图 2-2　通用的工作分解结构❶

图 2-2 中前 3 种类型的元素是由 3 种类型的项目得来的，所有类型的项目都有一个或多个可交付成果或输出，它们是开发 WBS 的基础。图中后

---

❶ 格雷戈里·T. 豪根. 有效的工作分解结构［M］. 北京广联达慧中软件技术有限公司，译. 北京：机械工业出版社，2005：118-126.

两个元素是支持性元素,是完全地定义项目范围和满足百分之百规则所必需的。

这 5 种类型的元素如下。

(1)产品分解元素——对可交付产品物理结构的细分是最通用和最容易开发的 WBS,也是在对科学技术进行分解时最常见的。所有这类项目都有一个有形的输出产品,例如计算机、汽车、机械设备等,所有这些都有一个自然结构。

(2)服务分解元素——服务项目没有有形的、结构性的可交付成果。它的输出是一个为别人做的工作实体,例如检测、技术培训、信息服务、安装调试和技术文献等技术服务。工作分解是关于相关工作领域的一个逻辑集合。

(3)结果分解元素——结果性的项目也没有一个有形的、结构性的可交付成果,主要针对工艺类交付物。它的输出是一个过程的结果,该过程产生一个产品或一个结论,例如新药物开发、新型加工工艺或化工工艺等。该工作分解是一系列可接受的步骤。

(4)横向关联元素——这是横跨产品所有内容的一种分解,这些元素通常是技术性的或支持性的。例如系统测试、专利申请、组装工艺等。

(5)项目管理元素——这是一个项目的管理责任和管理活动的分解。它包括这么一些内容,如报告、项目审查以及项目经理或他们的团队成员的一些活动(从概念上来说,这些都属于项目的上层活动)。通常,仅有一个这种类型的 WBE,但是在所有的项目中它都属于第二级。这一部分从项目管理的角度来说是必须要有的,但是从对项目结果的"点评价"来说,在建立 WBS 时可以省略。

下面通过两个简化的 WBS 例子,来分析一下各元素在 WBS 中的体现。图 2-3 是一个"新汽车开发项目"的简化 WBS。该 WBS 比图 2-1 中的 WBS 分解更为详细,增加了项目管理要素和横向关联要素。在该 WBS 中,"性能测试""文件"和"组装工艺"这三个 WBE 与各自本级的其他 WBE 的联系密切,均为横向关联因素。而"底盘""发动机""车身"和"电气设备"则属于产品分解元素。在该 WBS 中,没有服务分解元素和结果分解元素。

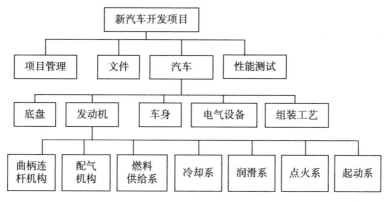

图 2-3 新汽车开发项目简化 WBS

图 2-4 是一个新化学药物研发项目的简化 WBS。在该 WBS 中，"新药申请相关文件"属于横向关联元素；而"先导化合物发现""临床前研究结果"和"临床研究结果"则是结果分解元素。这里面没有产品分解元素和服务分解元素。

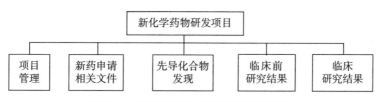

图 2-4 新化学药物研发项目简化 WBS

通过这两个例子可以简单了解各种元素在 WBS 中的存在的方式，需要注意的是，对于复杂的科研项目来说，在一个项目中以上 5 种元素可能会同时存在。可能在同一个层级中出现，也可能在不同的层级中出现，这需要根据项目的特点和各因素的定义灵活运用。

2.4.2 科技成果 WBS 分解方式

分解方式的选择对于 WBS 构建的质量影响很大，不同的项目适用不同的分解方式。对于复杂的项目来说，一个项目的分解过程会涉及多种分解方式。从项目管理的角度来说，科研项目的分解方式大致分为以下几种类型。

（1）按产品的物理结构分解。这种分解方式多用于可见交付物的分解，比如硬件类交付物。图 2-3 所示的新汽车开发项目简化 WBS 即是按产品的物理结构进行分解的。

（2）按产品或项目的功能分解。这种方式可用于多种交付物，在软件类交付物中应用较多。例如根据一个软件包含的功能模块来分解该项目。有时也可用于硬件类交付物的分解。例如新型自动灌装机项目可以根据各部分的功能简单分为理瓶部分、灌装部分、封口部分和包装部分，如果再继续分解下一级的话，就可以再根据各部分的物理结构来分解。

（3）按照实施过程分解。该分解方式主要适用于实施过程明确的交付物，主要是工艺类交付物。例如，新药研发的实施过程非常明确，可以应用该方式分解。图 2-4 所示的新化学药物研发项目简化 WBS 即是应用按照实施过程为主的分解方式。

（4）按照项目的地域分布分解。该分解方式适用于跨地域的大项目，而且工作的内容有地域限制。该分解方式主要在项目管理过程中应用，在科技成果标准化评价中应用较少。

（5）按照项目的各个目标分解。该分解方式适用于具有多目标的大项目。例如国家公益性行业专项，该项目由全国十几个课题组共同完成，其中包含多个子课题，每个子课题都有明确的小目标。该项目在进行主体分解的时候，就可以先根据目标分解，然后再根据其他分解方式继续细化分解。

（6）按部门分解。主要适用于项目管理，在科技成果标准化评价中应用较少。

（7）按职能分解。主要适用于项目管理，在科技成果标准化评价中应用较少。

2.4.3 WBS 常用的建立方法

2.4.3.1 类比模板法

类比模板法是较为常用的建立方式，该方法是以一个成功的类似项目的 WBS 为模板，根据项目的不同，稍做调整，制定本项目的工作分解结构。WBS 模板实际上是一个来自以前被完成的项目工作分解结构的样板或模式，该样板常常被用于一个新项目的 WBS。例如，对于新药研发团队，从整体上来说药物研发的基本流程是通用的，因而一旦完成一个药物的 WBS，再做其他新药项目时，前几个层级的 WBE 基本一致，直接套用，然后根据新项目的特点稍做修改即可。

2.4.3.2 自上而下法

从项目最大的单位开始，逐步将它们分解成下一级的多个子项。该过程要不断增加级数，细化工作任务。这种方法的优点是层次分明，缺点是有可能遗漏一些小的任务。这种分解的方法与项目负责人项目管理的思路是一致的。

2.4.3.3 自下而上法

从一开始就确定与项目有关的各项具体任务，然后将这些任务进行整合，并归总到一个整体活动或 WBS 的上一级内容去。这种方法相当于在项目管理中让每个参与人员向小组长汇报各自能干的工作，然后小组长整合后再向上汇报，再由上一级负责人整合后，再向上级汇报，直至总负责人，最后由总负责人全面整合，形成最终的 WBS。

2.4.4 WBS 的建立步骤

WBS 建立过程中，需要将自己对该项技术的理解与对 WBS 基本分解原理的理解相结合，才能构建一个合适的 WBS。在此给出一个建立 WBS 的一般步骤，供读者参考。

步骤 1：通过详细了解技术项目，确定项目目标。

步骤 2：确定项目最终交付物的类型，是硬件、软件还是工艺等。

步骤 3：根据项目的交付物类型选择合适的分解方式。分解方式可能是多种，在不同层级的分解可能会应用不同的分解方式。

步骤 4：对于每一级进行分析，除了按照基本分解方式得到的元素外，还有哪些横向关联元素和项目管理元素，逐级分析。

步骤 5：审查每一级工作元素，以确保包含全部的工作。

步骤 6：与项目利益相关者一起审查 WBS，并进行必要的调整，以确保覆盖项目的所有工作，确保 WBS 细分的程度满足评价目的的需要。

2.4.5 构建 WBS 的注意事项

建立 WBS 时应注意以下事项。

（1）WBS 的建立是以可交付成果为导向的，每个 WBE 都应该有明确的交付物。

（2）WBS 是分层构建的，即每层都要包含上级母 WBE 的所有工作，每个母 WBE 至少包含两个子 WBE。

（3）应定义项目全范围并包括所有项目相关的工作单元（包括内部、外部和中间可交付成果）。

（4）用名词和形容词来描述可交付成果，不用动词。

（5）要使用清晰描绘子项目的编码方案。

（6）每个 WBS 至少包含两个分解层级。

（7）科技项目的 WBS 应由深入了解该技术的人员实施建立，最好由项目的负责人或直接参与人建立。

（8）在科技评价中应用时，项目管理元素可以不列。

（9）一个项目单元只能属于一个上级子系统。

2.5 WBS 的表现形式及其编码

2.5.1 WBS 常见表现形式

2.5.1.1 气泡图形式

气泡图表现形式是指先不考虑层次，将所有能想到的任务都罗列出来，再用线条将任务关联起来。气泡图的优点是不容易漏项，可以任意添加任务；缺点是不够直观，较难反映项目全貌。在科技成果标准化评价中一般不用气泡图来表现 WBS，在此不再详细介绍。

2.5.1.2 组织结构图形式

组织结构图形式又称树状图表现形式，按照项目的分解层次将整个项目表现出来。这种形式是最常见的。它层次分明，能非常直观地反映项目全貌。

缺点是无法对每个 WBE 增加其他信息。而且对于大型和特大型项目来说，一张图纸很难画完，只能采用系统图和各个分系统图来展示。图 2-5 即是通过组织结构图形式来表现"新 PC 开发项目"WBS 的。

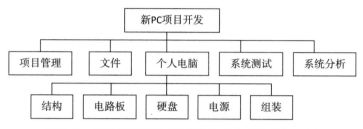

图 2-5　组织结构图形式表现的新 PC 开发项目 WBS

2.5.1.3　列表形式

列表表现形式又称缩进图形式，是用表格的形式来表达项目范围和层次结构。其优点是能反映项目全貌，而且每个 WBE 后面都可以对应添加相关信息，特别适合于在标准化评价中应用。该表现形式的缺点是不够直观。表2-1 用列表的形式展示与图 2-6 相同的项目，在表 2-1 中除表达整个 WBS 外，还增加了每个 WBE 的类型，在实际操作中，还可以增加更多的信息。因而在科技成果标准化评价中，列表形式的优势非常明显，在整个评价过程中应用 WBS 时，都采用列表的形式展示。

表2-1　列表形式表现的"新 PC 开发项目"WBS

编号	WBE	交付物类型
1	新 PC 开发项目	硬件
1.1	项目管理	文件
1.2	文件	文件
1.3	个人电脑	硬件
1.3.1	个人电脑结构	硬件
1.3.2	电路板	硬件
1.3.3	硬盘	硬件
1.3.4	电源	硬件
1.3.5	组装	工艺

续表

编号	WBE	交付物类型
1.4	系统测试	报告
1.5	系统分析	报告

2.5.2 WBS 编码

在科技成果标准化评价中，WBS 的表现形式都采用列表法。而列表法最大的缺点是不直观，要想克服这个缺点，WBS 编码的易读性则变得非常重要。为了实现对 WBS 各级 WBE 快速、准确的理解，从而实现对项目各个任务、子任务、单元的识别，更好地进行交付物和成熟度的判断，以及创新点的发现。编码过程中应遵循以下原则。

（1）编码唯一性原则，即每个节点的标识只能识别唯一的分项目；

（2）编码同类性原则，即同层级的编码标识要相近；

（3）编码的可扩充性原则，即项目内容变动时，编码体现也能随之增加、删减或调整；

（4）编码便利性原则，即编码要便于查询、检索和汇总；

（5）编码要能反映特定项目的特点和需要。

根据以上原则确定 WBS 编码的规则如下。

项目的最终交付物即项目的名称所在的层为第一层，继续往下分解，分别为第二层、第三层……。WBE 的编号按如下规律编写。

第一层编号：1，该层只有 1 个 WBE，因而永远不会出现 2；

第二层编号：1.1、1.2、1.3……

第三层编号：1.1.1、1.1.2、1.1.3……，1.2.1、1.2.2、1.2.3……

第四层编号：1.1.1.1、1.1.1.2、1.1.1.3……，1.1.2.1、1.1.2.2、1.1.2.3……

……

这种编号的优势是编号的数字个数即为其层级数，第 n 层 WBE 的个数可以由该层最后一个 WBE 的第 n 位的数字来判断。这里的数字个数指的是被点隔开的数字的个数，例如编号 1.1，一个点隔开两个数字，则该编号是第二层的编号。表 2-1 就是用这种编码方式对每个 WBE 进行编码的。由于编号这一列使用左对齐的格式，这样只需根据位数的长短便可轻松判断每个 WBE 的层级，使整个 WBS 的层次分明。使用该编码方式时需要注意，这种编码不同于章节的编码，所有编码的第一位都是 1，没有其他的数字。

第三章　技术成熟度评价

3.1　概　述

技术成熟度来源于美国的技术就绪水平（Technology Readiness Level，TRL），最早由美国航空航天局（NASA）于 1989 年提出，当时只有 7 个等级，后经修改，在 1995 年的 NASA 白皮书中增加至 9 级。此后，美国国防部、欧洲航天局也给出了自己的定义。经过 20 多年的研究、应用和发展，技术成熟度评价方法在西方发达国家已渐趋成熟，在管理与控制重大武器和航天项目的技术风险方面，美国国防部、美国航空航天局、美国国家审计署、美国能源局和欧空局等机构，已经广泛开展技术成熟度评价工作，并取得了良好效果。近几年，技术成熟度也引起我国科技部、中国电子科技集团、国防科工局、航天等机构的重视，开始应用和推广。尤其是中国电子科技集团的巨建国教授对技术成熟度进行了深入研究，并根据多年的科研管理经验，在原有的 9 级分类基础上，又增加了反映技术市场推广情况的 4 个级别，使技术成熟度的等级变为现在的 13 级。

本书中的技术成熟度评价方法是以我国国家标准 GB/T 22900—2009《科学技术研究项目评价通则》为基本依据，以科学技术研究促进生产力的发展为导向，采用关键证据法，通过客观材料确定科学技术的发展阶段，为科学技术的进一步研究或推广提供明确的定位。

3.2　相关概念

技术成熟度：在以技术服务于生产作为技术成熟标志的前提下，科技成果在被评价时所处的发展阶段。用等级表示，共分为 13 级。

技术就绪水平（TRL）：工作分解单元的技术成熟程度。[1] 此概念从英文直接翻译过来，因而其等级划分也是美国的分法，共 9 个级别。技术就绪水平的 9 个级别与技术成熟度的前九级是完全一致的。

技术就绪水平量表（Technology Readiness Level Scale，TRLS）：统一规定的用于评价特定技术成熟程度的测量工具。

技术就绪指数（Technology Readiness Index，TRI）：所有工作分解单元的技术就绪水平量值的加权平均值。

$$TRI = \frac{\sum_{k=1}^{9} k \times WBE(k)}{\sum_{k=1}^{9} WBE(k)}$$

式中：k——技术就绪水平量值，$k = 1 \sim 9$；

WBE（k）——技术就绪水平达到第 k 级的工作分解单元数量。

技术增加值（Technology Value Add，TVA）：评价期末与期初技术就绪指数的差值。

$$TVA = TRI_t - TRI_{t-1}$$

式中：TRI_t——评价期期末的技术就绪指数；

TRI_{t-1}——评价期期初的技术就绪指数。

技术创新水平（Technology Innovation Level，TIL）：TIL1～TIL9 级与 TRL1～TIL9 级对应的级别概念基本类似，但是 TIL 比 TRL 多出表述商业成功实现过程中获得技术显性收益的 4 个级别，即 TIL10～TIL13 级。此外，TIL 同时融合了制造成熟度和市场成熟度的概念。[2] 技术成熟度的等级划分也来源于TIL，两者的等级划分是完全一致的。只是在名称上为了与后面的技术创新度和技术先进度相呼应，本体系中所用的名称均为技术成熟度。

---

[1] 摘自 GB/T 22900—2009《科学技术研究项目评价通则》。
[2] 该概念是巨建国教授团队独创的。

3.3 技术成熟度等级定义

3.3.1 传统科技发展阶段的定义

在传统的科研管理中，按照科研过程的不同阶段，科技研发活动可以分为基础研究、应用研究与开发研究（也称发展研究）3 种类型。

基础研究是原理性的研究，它致力于发现和认识自然界物质运动的基本规律，揭示各种自然现象之间的联系，担负着探索新原理、开拓新领域的使命，为解决科学技术中的一系列实际问题提供理论指导。

应用研究的任务是探讨基础研究的原理性成果在实际运用中的可能性。它注重科研成果的实用性，一般是指在试验阶段创造和研制新产品、新品种、新技术、新工艺等。

开发研究则是在前两者的基础上，将科研成果应用于生产而进行的研究。它通过中间试验、推广试验和生产试验等，将试验阶段的研究成果进一步扩大，使其在进一步实用化的同时，实现经济化。

这 3 类研究之间存在着密切的联系：基础研究是应用研究和开发研究的基础。基础研究虽然不能直接产生社会效益，但它的重大突破往往为技术的发展开辟新的道路，引起生产技术上的重大突破或开拓出新的生产部门，所以它对现代科技的发展具有深远的意义。应用研究是把基础研究的成果转化为生产的中间环节，在科学—技术—生产的体系中是联系科学与生产的桥梁，它对于开拓新技术、发展新产业和革新现有生产技术具有重要作用。但应用研究的成果只是在技术上的成功，一般还不能立即形成生产能力，因而还要进行开发研究。开发研究直接面向经济建设，它的研究成果介入生产的全过程中，使科学的潜在生产力最终变为现实的社会生产力。

3.3.2 等级的基本定义

在科技成果标准化评价体系中，技术成熟度等级的划分更为细致，与科研过程的对应更为准确，其基本定义如表 3-1 所示。由表 3-1 可以看出，技术成熟度的基本定义是以硬件类交付物作为描述对象的。技术成熟度共分为

13 个级别，每个级别都有一个简称和明确的定义。级别定义的基本原理与传统发展阶段的划分基本一致。技术成熟度与传统的技术发展阶段的关系是：1~3 级为理论研究阶段，4~6 级为实验室应用研究阶段，7~9 级为工业化生产研究阶段，10~13 级为市场推广阶段。对于传统的每一个发展阶段，技术成熟度都进行了进一步的细分，有利于使成熟度评价的结果更加准确。

表 3-1 技术成熟度等级基本定义❶

级别	简称	定 义
第十三级	回报级	收回投入稳赚利润
第十二级	利润级	利润达到投入的 20%
第十一级	盈亏级	批产达到±盈亏平衡点
第十级	销售级	第一个销售合同回款
第九级	系统级	实际通过任务运行的成功考验
第八级	产品级	实际系统完成并通过实验验证
第七级	环境级	在实际环境中的系统样机试验
第六级	正样级	相关环境中的系统样机演示
第五级	初样级	相关环境中的部件仿真验证
第四级	仿真级	研究室环境中的部件仿真验证
第三级	功能级	关键功能分析和实验结论成立
第二级	方案级	形成了技术概念或开发方案
第一级	报告级	观察到原理并形成正式报告

以汽车研究领域所涉及的技术为例，分析技术成熟度的基本定义。在第一到第三级的研究范围里，主要是类似燃油喷射机理研究、发动机喷嘴空穴流动特性分析等基本理论、基本机理和相关材料的研究。第一级的特点是发现问题，并找到了解决问题的理论方向，但是能不能从理论上解决还是未知的；第二级的特点是在第一级研究方向的基础上，根据相关文献和基础知识，建立了明确的研究思路和实施方案；第三级是理论研究的最高阶段，特点是完成了理论阶段的研究，通过相关实验验证了理论结论，其结果形式通常是发现了某种现象，或某些重要功能的机理，建立了某种理论，这些结果对于

---

❶ 摘自巨建国等编著的《科技评估师职业培训教材》。

后续的工作具有重要的指导意义，应用范围相对来说较为广泛。从另一个角度来说，这些结果对于实际应用的指向性不是特别具体。第三级是科技评价的一个重要节点，其判断的依据包括论文、专著等公开发表的材料。

第四到第六级是应用研究阶段，包含的技术类似发动机冷却水套流动与传热 CFD 计算分析、混合动力车用蓄电池管理系统设计与研究、缸内直喷技术在小型汽油机上的应用研究等。第四级是在实验室环境中的部件仿真验证。在该阶段，应用目的已经明确。其特点是使用类似 ANSYS、Fluent 等模拟分析软件，结合有限元或计算流体动力学等理论，在虚拟的环境中针对明确的应用目的进行研究。第五级是在相关环境中的部件仿真验证。其中的相关环境是指根据相关假设和原则，将实际环境进行简化，从而可以进行相关模拟研究的环境，主要是指在实验室开展研究的环境。该阶段是应用研究的过程阶段，其特点是，在相关环境中实现了部件功能的验证，为技术整体的研发奠定重要的基础。第六级是在相关环境中的系统样机演示。该阶段是实验室应用研究的最高阶段。该阶段的完成，标志着实验室研究工作的结束，意味着该技术可以向产业化应用研究迈进。该阶段的交付物为汽车的系统样机，该样机能够在实验室环境中满足相关指标。

第七到第九级为开发研究阶段，该阶段与产业化应用密切相关，其核心特点是在实际生产环境中以明确的应用目的开展相关研究。第七级是从实验室应用研究到产业化研究转化的初级阶段，其特点是将系统样机在实际环境中运行，并且满足实际环境的要求，达到相关指标。相对于第六级来说只是运行环境发生变化。第八级是在实际系统中完成并通过实验验证，因而在该阶段所研究的对象不再是样机，而是实际的产品，对于汽车而言必须是由实际生产设备生产的汽车，并对前期生产的汽车在实际环境中进行测试，发现其中存在的问题并完善，最终实现通过实际生产设备生产的汽车达到实际应用的要求。第九级是实际通过任务运行的成功考验。该阶段的要求是必须实现多批次的实际生产，并且所有产品满足实际市场的需求和实际应用。从技术本身而言，该阶段意味着技术的最终成熟，由该技术生产的产品达到进入市场销售的水平，真正实现科技服务于人类生产发展的目的。

第十到第十三级是技术的市场推广阶段，该部分主要体现成熟技术在市场中的表现情况。该部分级别的高低不仅与科研水平有关，而且与市场营销和资本运作等许多因素都有关系，因而在判断成熟度级别时，前9级与后面的4个级别是分别评价的。

对于技术成熟度的理解要特别注意一个误区，技术成熟度不是用来表达科研工作是否完成的一个概念。比如有人认为"我的科研项目做完了，就成熟了"，这是不符合成熟度基本定义的，因为技术成熟度是以技术最终服务于生产力的发展为最终成熟的标志。所有技术在评价的时候都作为一个完成点来评价，而不同的技术所处的成熟度等级是截然不同的。例如，做理论研究的，无论水平多高，从成熟度的角度来说，最高只能达到3级。而对于进行中试研究的人员来说，中试研究成功了，就达到7级。由此可见，技术成熟度与技术的水平高低没有必然的联系，所体现的仅是技术发展的不同阶段。

3.3.3 工艺类技术成熟度等级定义——以化学药物领域为例

技术成熟度的基本定义体现的是不同科学技术在服务于生产发展过程中的几个阶段，每个阶段的定义所要表达的是不同技术在该阶段的共性。结合自身的特点和成熟度基本定义所体现的基本原理，绝大部分技术都能找到明确的定位。但是，对不同学科领域的人而言，在理解技术成熟度基本概念的时候，存在一定的困难。因而有必要针对不同应用领域，结合技术成熟度基本定义所反映的分级原理进行分领域成熟度的等级定义。下面以化学药物研发领域为例，介绍工艺类技术成熟度等级的定义。

3.3.3.1 化学药物研发的基本流程

化学药物的研发包括以下几个部分。

（1）靶标的确立。确定治疗的疾病目标和作用的环节和靶标，是创制新药的出发点，也是以后实行各种操作的依据。药物的靶标包括酶、受体、离子通道等，作用于不同靶标的药物在全部药物中所占的比重不同。

（2）模型的确立。靶标选定以后，要建立生物学模型，以筛选和评价化合物的活性。通常要制订出筛选标准，如果化合物符合这些标准，则研究项目继续进行；若未能满足标准，则应尽早结束研究。

（3）先导化合物的发现。新药研制的第三步是先导化合物的发现。因为目前的知识还不足以渊博到以足够的受体机制指导药物设计以使药物的合成不必使用预先已知的模型，所以，先导化合物的发现，一方面有赖于以上两步所确定的受体和模型，另一方面也成为整个药物研发的关键步骤。

（4）先导化合物的优化。由于发现的先导化合物可能具有作用强度或特异性不高、药代动力性质不适宜、毒副作用较强、化学或代谢上不稳定等缺陷，先导化合物一般不能直接成为药物。因此有必要对先导化合物进行优化以确定候选药物，这是新药研究的最后一步。

（5）临床前研究。由研究机构或制药公司进行的实验室和动物研究，以观察化合物针对目标疾病的生物活性，同时对化合物进行安全性评估，包括药学研究和药理毒理研究。研究结果包括以下内容：先期的试验结果，后续研究的方式、地点以及研究对象；化合物的化学结构；在体内的作用机制；动物研究中发现的任何毒副作用以及化合物的生产工艺。完成临床前研究即可申请临床批件。

（6）Ⅰ期临床试验。在新药开发过程中，将新药第一次用于人体以研究新药性质的试验，称为Ⅰ期临床试验。即在严格控制的条件下，给少量试验药物于少数经过谨慎选择和筛选出的健康志愿者，然后仔细监测药物的血药浓度\排泄性质和任何有益反应或不良作用，以评价药物在人体内的性质。

（7）Ⅱ期临床试验。通过Ⅰ期临床研究，在健康人身上得到为达到合理的血药浓度所需要的药品剂量信息，即药代动力学数据。但是，通常在健康的人体上是不可能证实药品的治疗作用的。在Ⅱ期临床试验中，给药于少数病人志愿者，对新药的有效性和安全性做出初步评价，并为设计Ⅲ期临床试验和确定给药剂量方案提供依据。

（8）Ⅲ期临床试验。在Ⅰ期、Ⅱ期临床试验的基础上，将试验药物用于更大范围的病人志愿者身上，进行扩大的多中心临床试验，进一步评价药物的有效性和耐受性（或安全性），称为Ⅲ期临床试验。Ⅲ期临床试验是治疗作用的确证阶段，也是为药品注册申请获得批准提供依据的关键阶段，该期试验一般为具有足够样本量的随机化盲法对照试验。

（9）药品上市。如果能够走到这一步，暂时可以说是大功告成。从最开始的备选化合物走到这一步的药物寥寥无几。但是批准上市并不代表该药物就高枕无忧了，因为还有后面一步。

（10）Ⅳ期临床研究。药物上市后监测，主要关注药物在大范围人群应用后的疗效和不良反应监测。药物使用指导需要根据这一阶段的结果来相应修订。这一阶段还会涉及的内容有：药物配伍使用的研究，药物使用禁忌（比如有些药物上市就发现服药期间服用西柚会影响药物的代谢）。如果批准上市的药物在这一阶段被发现之前研究中没有发现的严重不良反应，比如显著增加服药人群心血管疾病发生率，药物还会被监管部门强制要求下架。甚至有的药物才上市一年，就因Ⅳ期临床评价不好而被迫下架。

3.3.3.2　化学药物研发领域技术成熟度等级定义

根据化学药物研发的基本流程和标准化评价中技术成熟度等级的基本定义，化学药物研发领域技术成熟度等级定义如表3-2所示。第一到第三级为药物的理论研发阶段，虽然确定了靶标，但是在合成先导化合物的过程中，更多的是理论研究，所合成的化合物与最终的药物差别较大，距离最终的应用非常遥远，该阶段的风险极大，失败的概率很高。

第四级开始与实际的目标接近，研究的应用目的性更强，一旦筛选出最优化合物，则可正式进入临床前研究。第五、第六级为临床前研究，该部分的研究是在实验室中做模拟研究，或者对动物进行试验。所有这些研究的环境和对象都是模拟的，或者是和实际相关的，但都不是实际的环境。该道理与技术成熟度基本定义是一致的。

第七到第九级是临床研究，试验的对象都是人，因而是实际环境。但是第七级是Ⅰ期临床试验，在健康的人身上试验，因而是"样机"的感觉，而不是"实际系统"。第八级是Ⅱ期临床试验，是在少量目标病人身上做试验，这便是"实际系统"了，但仍然是在"实际系统"内的试验。第九级是Ⅲ期临床试验，在大量目标病人身上做试验，因而可以认为"实际通过任务运行的成功考验"。一旦Ⅲ期临床试验完成并确定较好的效果，就可以申请新药上市，技术终于可以服务于生产力的发展了，这一点也符合技术成熟度最基本的定义。

第十到第十三级的定义与基本定义是一致的，都是反映技术市场推广的情况。

通过化学药物领域成熟度的定义基本可以了解工艺类技术成熟度的分

级方法，只要了解相关领域由理论研究到转化为生产力的过程，再根据相关的证明材料就能够判断工艺类技术的成熟度等级了。与化学药比较接近的生物药的研发成熟度等级定义如表 3-2 所示，也可作为判断成熟度等级的参考。

表 3-2　化学药和微生物药领域成熟度等级定义❶

级别	简称	化学药	微生物药
第十三级	回报级	收回投入稳赚利润	收回投入稳赚利润
第十二级	利润级	利润达到投入的 20%	利润达到投入的 20%
第十一级	盈亏级	批产达到盈亏平衡点	批产达到盈亏平衡点
第十级	销售级	第一个销售合同回款	第一个销售合同回款
第九级	系统级	三期临床	三期临床
第八级	产品级	二期临床	二期临床
第七级	环境级	一期临床	一期临床
第六级	正样级	完成药理毒理研究	完成药理毒理研究
第五级	初样级	完成药学研究	完成药学研究
第四级	仿真级	筛选出最优药物	经过化学修饰制备出新的活性化合物
第三级	功能级	发现先导化合物	筛选出有效菌株
第二级	方案级	建立生物学模型	完成试验方案
第一级	报告级	确定治疗的疾病目标、作用的环节和靶标	分离出微生物

3.3.4　软件类技术成熟度等级的定义

软件是工作分解结构中一类重要的主交付物，为便于该领域的技术成熟度评价，在此给出软件类技术成熟度等级定义，如表 3-3 所示。读者可以根据各自在软件领域的研究经验，并结合技术成熟度的基本定义对每个等级进行深入理解，在此不再赘述。

---

❶　该定义由青岛农业大学与青岛海洋生物医药研究院共同研发。

表 3-3　软件类技术成熟度等级定义❶

等级	简称	软 件 类
第十三级	回报级	收回投入稳赚利润
第十二级	利润级	利润达到投入的 20%
第十一级	盈亏级	批产达到盈亏平衡点
第十级	销售级	第一个销售合同回款
第九级	系统级	系统通过实际运行合格
第八级	产品级	实际运行环境中指标测试合格
第七级	环境级	中试环境中指标测试合格
第六级	正样级	模拟环境中原理或功能性指标通过
第五级	初样级	软件编制完成
第四级	仿真级	软件架构完成
第三级	功能级	确认方案可行
第二级	方案级	形成技术方案
第一级	报告级	发现数学原理或运算法则

3.3.5　副交付物的成熟度等级定义

在标准化评价中，科技成熟度主要根据主交付物的成熟度来综合判断最终交付物的成熟度，副交付物只是科技的载体和证明材料，副交付物自身的成熟度与主交付物成熟度没有必然的联系。在实际评价过程中，对副交付物的完成情况进行明确的判断，有利于成熟度评价的完整性。在此，给出几种常见副交付物成熟度等级的定义，如表 3-4 所示。要特别注意，副交付物的成熟度虽然也分为 9 个等级，但是其含义仅代表该交付物的完成程度，与主交付物成熟度的意义不一样。例如，一篇论文已经发表并被引用，其成熟度达到 9 级，但是该论文中所写的内容可能是基础理论研究，其主交付物的成熟度仍为 3 级。

---

❶ 摘自巨建国等编著的《科技评估师职业培训教材》。

表3-4 常见副交付物成熟度等级定义❶

等级	常见的副交付物		
	标准	专利	论著
第九级	正式实施	批准（专利授权号）	论文著作被他人引用，研究报告被采纳
第八级	正式发布	复审	论文发表，报告立卷，图纸归档，著作出版
第七级	报批稿通过	异议	征求意见稿完成
第六级	送审稿通过	公告	第二稿
第五级	征求意见稿完成（鉴定）	进入实质审查（实用新型、外观不用）	第一稿
第四级	文本或实物完成	请求实质审查（实用新型、外观不用）	研究环境中模拟结论成立
第三级	技术方案批准执行	早期公开（申请公布号）	被组织确定为一个值得探索的目标
第二级	形成技术方案	初步审查	被同行确定为一个值得探索的方向
第一级	明确研究需求并形成报告	申请	产生新想法并表述成概念性报告

3.4 评价方法

技术成熟度的等级定义根据不同领域、不同类别交付物的特点而制订，不同的交付物类型有不同的等级定义，但是其基本原理是一致的。根据工作分解结构的基本知识，各工作分解元素的交付物类型主要分为两大类：主交付物和副交付物。主交付物包括硬件、软件、工艺、方法、商业模式和服务6种类型。副交付物包括标准、专利、论文、著作、报告、培训、试验、图纸、文件和合同10种类型。技术成熟度的评价主要根据主交付物

---

❶ 摘自巨建国等编著的《科技评估师职业培训教材》。

所达到的等级进行判断，副交付物的成熟度级别只作为科技载体完成情况的展示。

在进行技术成熟度评价时，成果完成方需提供论文、专利、标准、测试报告、检测报告、应用证明、审计报告、税务报表、财务报表或销售发票等证明材料。科技评估师根据技术方所提供证明材料的内容，进行等级判断，并与评判标准进行对比，然后确定各交付物的成熟度等级。在针对具体科技项目进行评价的过程中，评价成熟度所提供的证明材料必须符合相关科技的特点，并且能够在材料中明确找到所证明的信息。

具体的评价步骤为：首先将所评价技术进行分解，建立 WBS，并确定每个 WBE 的交付物类型；然后根据证明材料的内容，对比常见交付物成熟度等级的定义确定每个 WBE 的成熟度。整个成果的成熟度由根 WBE 的成熟度确定。技术成熟度评价所需填写的表格如表 3-5 所示。在填写表 3-5 时，每个子 WBE 的成熟度最高为 9 级。

表 3-5　技术成熟度评价表

工作分解单元编号	工作分解单元内容	交付物类型	技术成熟度	证明材料编号

在判断技术最终的成熟度时，要分两种情况。一种情况是，根 WBE 的成熟度根据所有子 WBE 的成熟度确定低于 9 级，则该技术的最终成熟度为根 WBE 的成熟度；另一种情况是，根 WBE 的成熟度根据所有子 WBE 的成熟度确定达到 9 级，则还需根据经济效益的相关证明材料确定其最终成熟度是否达到 10~13 级。

每个子 WBE 的成熟度与母 WBE 的成熟度的关系需根据 WBS 的分解方式确定。例如：若 WBS 是按成果交付物的物理结构分解的，则母 WBE 的成熟度为子 WBE 主交付物中成熟度最小值。若按完成过程分解，则可能出现母 WBE 的成熟度为最后完成部分对应的子 WBE 的成熟度，而其他子 WBE 的成熟度低于母 WBE 的情况。

3.5 实际意义

技术成熟度等级是由技术研发的实际过程确定的，因而技术成熟度的等级在实际应用过程中，能给使用者带来有效信息。下面从 3 个应用目的探讨技术成熟度的意义。

3.5.1 对技术投资的意义

由于技术成熟度的基本定义是以科技服务于生产力为导向的，因而技术成熟度本身就能反映许多信息。技术成熟度与风险和交易价格的定性趋势如图 3-1 所示。根据图 3-1 可知，随着成熟度的等级越来越高，技术距离服务于生产力的发展越近，也就是说不能应用于生产的风险越来越低，这是成熟度的增加有利于技术投资的一个方面。从另一个角度来说，随着成熟度的不断增加，研发投入也在不断增加，因而对于同一项技术来说，成熟度级别越高，技术价值不断提高，交易价格也必然越来越高。那么，在实际操作技术投资时应该在高成熟度时投资还是在低成熟度时投资呢？该问题没有明确的答案。实际操作时应该参考其他的指标，并结合自身的资金量进行全面权衡，哪个阶段都有机会，适合自己的技术才是最好的。

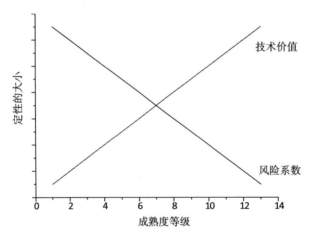

图 3-1 技术成熟度与风险和交易价格的定性趋势

常见的投资类型有天使投资、风险投资和私募股权投资等投资类型，在此结合这些投资类型的特点探讨其与成熟度等级的关系。表3-6给出了技术成熟度针对不同应用目的的意义。

表3-6 技术成熟度针对不同应用目的的意义

成熟度级别	标准模板	应用目的		
		投资	政府科研项目资助	政府科技奖励
第十三级	回报级	私募股权投资	技术创新引导专项	科技进步奖
第十二级	利润级	私募股权投资	技术创新引导专项	科技进步奖
第十一级	盈亏级	风险投资	技术创新引导专项	科技进步奖
第十级	销售级	风险投资	技术创新引导专项	科技进步奖
第九级	系统级	风险投资	技术创新引导专项	公益类科技进步奖
第八级	产品级	风险投资	技术创新引导专项	公益类科技进步奖
第七级	环境级	风险投资	技术创新引导专项	公益类科技进步奖
第六级	正样级	风险投资	国家重点研发计划	公益类科技进步奖
第五级	初样级	风险投资	国家重点研发计划	公益类科技进步奖
第四级	仿真级	天使投资	国家重点研发计划	自然科学奖
第三级	功能级	天使投资	国家重点研发计划	自然科学奖
第二级	方案级	天使投资	自然科学基金	自然科学奖
第一级	报告级	天使投资	自然科学基金	自然科学奖

天使投资（Angel Investment）是指个人出资协助具有专门技术或独特概念而缺少自有资金的创业家进行创业，并承担创业中的高风险和享受创业成功后的高收益，或者说是自由投资者或非正式风险投资机构对原创项目构思或小型初创企业进行的一次性的前期投资。它是风险投资的一种形式。将天使投资的概念与技术成熟度等级的定义相对比会发现，天使投资所对应的投资阶段为1~4级。

风险投资（Venture Capital，VC）又称"创业投资"，是指由职业金融家投入新兴的、迅速发展的、有巨大竞争力的企业中的一种权益资本，是以高科技与知识为基础，生产与经营技术密集的创新产品或服务的投资。风险投资在创业企业发展初期投入风险资本，待其发育相对成熟后，通过市场退出机制将所投入的资本由股权形态转化为资金形态，以收回投资。风险投资的运作过程分为融资过程、投资过程、退出过程。风险投资相对天使投资来说，对技术成熟度的要求更高一些，但是在投资时，对技术项目没有明确的盈利要求，因而风险投资所对应的成熟度等级为5~11级。

私募股权（Private Equity，PE）投资是指通过私募基金对非上市公司进行的权益性投资。在交易实施过程中，PE会附带考虑将来的退出机制，即通过公司首次公开发行股票（IPO）、兼并与收购（M&A）或管理层回购（MBO）等方式退出获利。简单地讲，PE投资是PE投资者寻找优秀的高成长性的未上市公司，注资其中，获得其一定比例的股份，推动公司发展、上市，此后通过转让股权获利。狭义的PE主要指对已经形成一定规模的，并产生稳定现金流的成熟企业的私募股权投资部分，主要是指创业投资后期的私募股权投资部分，而这其中并购基金和夹层资本在资金规模上占最大的一部分。在中国PE主要是指这一类投资。既然要求已经形成一定规模的，并产生稳定现金流的成熟企业，技术成熟度至少是12级，因而狭义PE要求的技术成熟度范围为12~13级。

以上通过对投资类型定义的分析，并与技术成熟度等级定义相对比，得出各种投资类型对技术成熟度大致的适用等级范围。需要注意的是，这些范围只是一个大致的参考范围，在实际操作过程中，技术成熟度范围的边界并不是非常清晰。因为在投资的实际操作中，各种类型的定义甚至都会出现非常大的交叉。

3.5.2 对政府科研项目资助方式的意义

2014年12月3日，国务院公开印发了《国务院关于深化中央财政科技计划（专项、基金等）管理改革的方案》（国发〔2014〕64号），对中央财政科技计划（专项、基金等）管理改革做出全面部署。国家将打破在科技项目投入上"九龙治水"、碎片化的混乱局面，建立公开统一的国家科技管理平台，用3年的时间，将中央各部门管理的科技计划整合为国家重点研发计划、国家自然科学基金、国家科技重大专项、技术创新引导专项（基金）、基地和人才专项5大类。这几类项目都有其明确的导向，在此仅以其中的几个为例，探讨科研项目资助方式与技术成熟度的联系，其资助方式与成熟度等级的大致对应如表 3-6 所示。

国家自然科学基金主要资助基础研究和科学前沿探索，支持人才和团队建设，增强源头创新能力。因而国家自然科学基金所资助项目的技术成熟度应该在 1~2 级，而该项目最终研究结果的成熟度应该达到 3 级。

国家重点研发计划是国家重点研发计划组织实施的载体，是聚焦国家重大战略任务、围绕解决当前国家发展面临的瓶颈和突出问题、以目标为导向的重大项目群。其中的导向是"以目标为导向"，这一点符合成熟度 4 级以上的定义，但是 3 级成熟度是理论研究的完成阶段，可以作为"以目标为导向"的研究阶段的初始阶段。因而该计划的初始资助阶段基本在 3~4 级，而该项目完成时结果的成熟度应该在 6 级以上。

技术创新引导专项（基金）的主要目的是通过风险补偿、后补助、创投引导等方式发挥财政资金的杠杆作用，运用市场机制引导和支持技术创新活动，促进科技成果转移转化和资本化、产业化。该基金的主要导向是以"科技成果转移转化和资本化、产业化"为导向，因而对于资助项目成熟度的初始要求就要高一些，至少应该从 6 级开始，项目完成时成果的成熟度应该在 10 级以上。在此类项目中，政府资金的作用是以引导为主，更多的部分是需要市场化资本的进入。

在对该应用目的的分析中，同样需要注意的是每种类型的资助项目所对应的成熟度范围也是一个大致的，边界部分往往都是重叠的。通过各级成熟度所反映的信息，政府机构在制定资助方案时，能够形成更加清晰的导向和更加明确的研发结果要求。

3.5.3 对政府科技奖励的意义

为奖励在科技进步活动中做出突出贡献的公民、组织，国务院设立了 5 项国家科学技术奖：国家最高科学技术奖、国家自然科学奖、国家技术发明奖、国家科学技术进步奖和中华人民共和国国际科学技术合作奖。在此，以其中的几个为例，探讨国家科学技术奖项的设置与技术成熟度的联系，其成熟度等级大致对应表 3-6 中的内容。

国家自然科学奖奖励在数学、物理、化学、天文学、地球科学、生命科学等基础研究和信息、材料、工程技术等领域的应用基础研究中，阐明自然现象、特征和规律，做出重大科学发现的我国公民。该奖项主要奖励基础研究，成熟度等级为 3 级，是基础理论研究的最高阶段，因而适合参评，而 4 级作为应用研究的初始阶段，其基础是建立在 3 级之上的，如果前 3 级的工作也是本人做的话，也适合参评该奖项。更高级别的研究则适合向其他奖项引导。

国家科学技术进步奖授予在技术研究、技术开发、技术创新、推广应用先进科学技术成果、促进高新技术产业化，以及完成重大科学技术工程、计划等过程中做出创造性贡献的中国公民和组织。该奖项以"推广应用"和"产业化"为关键导向，而且要求填报经济效益，因而该奖项对成果成熟度的要求应该在 10 级以上。

在国家科学技术进步奖中，包含公益类的科技进步奖。该类奖项主要针对公益相关研究，以考察社会效益为主，以考察经济效益为辅。而从该类项目的实际情况来看，许多技术根本就不会产生直接经济效益。因而，参评该类奖项成果的成熟度应该在 3~9 级。

从以上的分析可以看出，技术成熟度并不能用简单的"成熟度越高越好"类似的语言来描述，技术成熟度反映技术从理论到产业化发展的不同阶段。由成熟度不同阶段所代表的含义，评价报告使用者可以获得对技术的深入理解。因而，只有深刻理解技术成熟度的基本定义，并与科研的实际过程相结合，才能在不同的科研相关工作中真正发挥成熟度等级评价的作用。

第四章　技术创新度评价

4.1　概　述

在对科学技术的评价中，创新性和先进性一直都是非常重要的两个维度。在传统的评价中，两者的评价以定性评价为主，客观材料对创新性和先进性水平的影响占比相对较小，而专家的主观判断则占较大比重。如何在保证评价结果准确性的同时，最大限度地降低创新性评价中的主观因素比重，是科技成果评价体系要着力解决的一个重要问题。本章希望通过对科研基本规律和创新性本质的讨论，发现创新性的根本特点，从而建立创新度的概念和相应的客观评价方法。尽可能通过客观证明材料确定科学技术的创新度等级，从而降低主观因素的比重，形成关于科技创新的"科技普通话"。

4.2　定　义

在定义创新度之前，首先讨论一下创新性和先进性的区别，并由此得出创新度和先进度的定义。以华为手机的宣传示例进行说明。

2016 年 11 月，华为在德国慕尼黑正式发布了旗下的新旗舰手机：华为 Mate 9 和 Mate 9 "保时捷设计"版。而 Mate 也首次搭载了华为海思最新研制的麒麟 960 处理器。华为在对新手机的宣传中，重点突出了处理器的创新性和先进性，其对海思麒麟 960 介绍如下。

海思麒麟 960 拥有 8 个核心，其中 4 个大核心为 A73 架构，这也是商用处理器首次使用 A73 这个最新的架构，4 个小核心仍然为 A53 架构。GPU 海思麒麟 960 使用了最新的 Mali-G71 MP8，相比较于麒麟 950 使用的 Mali-T880

MP4 性能提高了 180%。● 四大旗舰 SOC CPU 性能测试数据对比如图 4-1
所示。

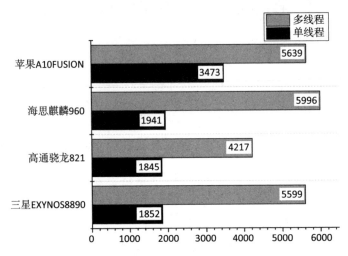

图 4-1　四大旗舰 SOC CPU 性能测试数据对比

华为通过简单几句话和一张图，就把产品最核心的优势展示得淋漓尽致，
俘获众多"花粉"●的心。在介绍里面，华为重点描述了产品的创新性和先
进性两个最核心的维度。"其中 4 个大核心为 A73 架构，这也是商用处理器首
次使用 A73 这个最新的架构"和"GPU 海思麒麟 960 使用了最新的 Mali-G71
MP8"，这两个是明显的创新点，也就是与原来不一样的地方，体现的是创新
性。创新是发展的原动力，有创新才有快速发展的可能，而且消费者对于新
事物的好奇也是营销必须考虑的因素，因而描述一下创新，让消费者明白华
为的科技是在不断发展的，时时感受新鲜。许多产品的宣传都是停留在对创
新性的层面上。对于手机这种科技感十足的产品，仅有创新性是不够的。消
费者使用后会思考一个问题，这些新的技术有什么用呢？给手机带来了哪些
改变呢？这些是先进性解决的问题。"相比较于麒麟 950 使用的 Mali-
T880MP4 性能提高了 180%"就是先进性的描述，这句话要说明的是华为做了
那么多创新，比华为自己原来的那个 CPU 性能高好多，这就能够体现创新实

● 摘自搜狐公众平台，http://mt.sohu.com/20161105/n472370371.shtml。
● 华为手机"粉丝"的昵称。

际的作用了。这只是华为的现在和华为的以前做对比，对于"花粉"来说，会有明确的感觉和对比，有一定的宣传效果。但是，新产品另一个重要的任务是，吸引更多人成为"花粉"。而这些消费者更在乎的是华为的现在和其他品牌手机的现在相比有什么优势。于是，华为给出了最能体现其优势的 CPU 性能测试数据对比图。因为 CPU 的性能是手机中最核心的指标，该数据的高低直接影响到手机的性能。华为敢于将自己手机的测试数据与国际上顶尖的几个处理器品牌的测试数据相对比，并且在对比中不落下风，其中多线程的测试数据超过苹果 A10FUSION，让消费者感受到扑面而来的实力。这些就是先进性所带来的影响。

通过上面的例子可以看出，创新性主要体现的是相对时间或者相对其他技术"此有彼无"的状态。先进性则是体现创新所带来的作用或效果。在传统的应用中都是以创新性和先进性这种定性的形式来评价的，再横向对比时难以实现相对客观的比较。在本书中，经过研究和实践，提出了创新度和先进度的概念，以实现创新性和先进性的"度"量。本章主要介绍创新度的定义及评价方法，先进性的概念和评价方法将在第五章中做详细介绍。

技术创新度是指一项技术创新的程度，通常用等级表示，共分为 4 级。要实现对等级的明确定义，必须要对创新性的本质进行研究。创新性最根本的特点是"此有彼无"，"此"即为被评价的技术，而"彼"涉及的范围非常广泛。可以将同一个技术在不同时间的情况分别作为"此"和"彼"，也可以在不同技术之间对比有无。只有在一定范围内实现"此有彼无"，才能称为创新。而这个一定的范围可以通过地域范围区分，可以是国际，也可以是国内，比较的范围越大，其"新"的程度也越高。从另外一个角度来说，比较的范围也可以从应用领域的范围区分，可以在同领域中比较，也可以在所有领域中比较，比较的范围越大，其"新"的程度也越高。因而，我们可以以"此有彼无"为基本判断依据，结合地域范围和应用领域范围的不同，将科学技术创新度划分为 4 个不同的等级，建立创新度等级的定义，如表 4-1 所示。创新度概念的提出参照了我国国家标准 GB/T 22900—2009《科学技术研究项目评价通则》中对科学技术成熟度划分的基本思路，采取相对定量的方式，根据科学技术创新性的根本特点进行等级划分。所划分等级能够使评估师依据相关证明材料进行客观判断，并能够与 WBS 相结合。

表 4-1 科学技术创新度等级定义

级 别	定 义
第四级	该技术创新点在国际范围内，在所有应用领域中都检索不到
第三级	该技术创新点在国际范围内，在某个应用领域中检索不到
第二级	该技术创新点在国内范围内，在所有应用领域中都检索不到
第一级	该技术创新点在国内范围内，在某个应用领域中检索不到

4.3 评价方法

在进行技术创新度评价时，需要对所评价的技术进行分解，建立 WBS，逐层分解，直到找到该技术创新点所在的 WBE。然后，在 WBS 列表中有创新点的 WBE 处对相应的创新点进行描述，以此作为创新点的展示和查新的依据。创新度技术分解评价表如表 4-2 所示。

表 4-2 创新度技术分解评价表

工作分解单元编号	工作分解单元内容	是否有创新	创新点描述	证明材料编号
1				
1.1				
1.2				
……				

确定创新度时，必须要有相关的检索证明，在成果评奖和科研管理等应用中，由第三方机构出具的科技查新报告可以作为证明材料。创新度 3 级和 4 级的技术必须提供国际查新报告，而 2 级和 1 级的只需提供国内查新报告。专利证书也可以作为创新度的辅助证明。如果需要对创新度进行更为细致的判断，需要科技评估师或相关科研人员对该技术的创新点做更为细致和全面的检索。这种检索对人员要求较高，耗时较大，成本较高，因而不作为标准化评价体系的硬性要求，但是可以作为评估机构增值服务的一部分。

创新度评价需要注意以下事项。

（1）技术在国际和国内范围内有无创新直接通过查新报告确定。

（2）技术在所应用领域内外有无创新需要科技评估师根据专家的咨询意见和查新报告的内容确定。

（3）查新报告需在有效期内，且查新报告的查新名称应与被评科技成果名称一致。附件中需提供查新报告的封面和结论页。

（4）专利证书也可以作为创新度的辅证材料。

（5）填写表4-2时，WBE的编号根据实际的分解情况填写。

（6）在创新点描述一列中，有创新点的WBE需要明确创新点的内容，没有创新点的WBE不需要填写。在科研实践中，不是所有的WBE都有创新点，往往是多数WBE都没有创新点，只要据实填写即可。

4.4 实际意义

从定义来看，创新度主要是用于评价创新点的"此有彼无"问题，而级别的高低则体现着"此有彼无"的范围大小，级别越高，范围越大，说明该创新点在更大范围内是独一无二的。需要注意的是，创新度最根本的意义在于给出技术创新点"新"的程度，将技术的创新点结合着WBS明确展示出来，使评价结果的使用者能够快速、清晰而又准确地获得技术创新方面的重要信息。但是，仅创新度并不能说明技术作用的大小，只有在实际应用中结合其他指标共同表达，才能体现更为准确的意义。下面结合几个实际应用，探讨创新度所反映的信息。

从科技研发的角度来分析。创新是"科技"的根本特征，只有有创新点，才能称得上是科技研发。因而，具备一定等级的创新度是科技的一个重要特征。同时，高创新度也是取得突破进展的必要条件，创新度越高，进一步研究取得突破进展的可能性越大。屠呦呦创新性地采用乙醚作为溶剂提取青蒿素，得到对鼠疟具有100%抑制率的青蒿中性提取物。"选用乙醚作为溶剂提取青蒿素"这个国际范围内独有的创新点，是最终获得高疟疾治愈率药物的重要因素之一。从能否实现的角度来说，科技的创新度越大，可以参考的信息越少，在实际实施的过程中面临的困难越多，最终实现的可能性越小。创新度与取得突破进展的可能性和实现的可能性的关系如图 4-2 所示。该图可用于定性分析相关趋势。在实际科研管理过程中，应将创新度与其他指标结合来判断科技项目的可行性和对未来结果的预期。

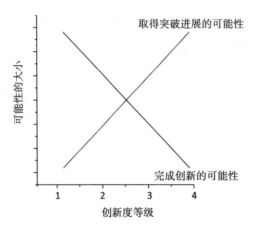

图 4-2　创新度与取得突破进展的可能性和实现的可能性的定性关系

从技术转移的角度来分析，技术转移的目的是将技术转化为生产力，对于技术购买方来说，通过技术转移实现利润是一个重要的目标。创新的特点是唯一性，应用到市场营销中就会产生蓝海市场，形成一段时间内的市场垄断，回报率非常高。因而，创新度越高，形成蓝海市场的可能性就越大，高回报率的可能性越大。而且，在新产品营销过程中，消费者对于新事物的好奇心理是一个重要因素，创新度高有利于新产品的推广。高创新度的技术才能够生产出高创新度的产品，因而，创新度的高低与未来收益具有密切的联系。由于技术转移有时发生在技术还没有完全成熟的阶段，此时结合科技研发过程完成创新的可能性分析会发现，技术创新度越高，未来真正实现的可能性越低，也就是说，投资的风险越大。技术创新度与预期收益和投资风险的关系如图 4-3 所示。通过图 4-3 的定性分析，可以发现，对于科技创新而言，收益与风险并存。只有深入了解创新度及其意义，才能根据自身情况做出有效判断，提高收益，降低风险。

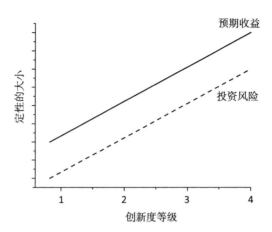

图 4-3 技术创新度与预期收益和投资风险的关系

　　需要注意的是，如果只关注创新度指标，一切关联仅是可能、潜在的，只有与其他的指标结合起来，通过创新度所做的判断才能更加准确。第六章将介绍创新度与其他指标结合使用的意义。

第五章　技术先进度评价

5.1　概　述

我国学者在 20 世纪 80 年代就提出通过文献计量法评价技术先进性。[1]在后续的研究中，许多文献也涉及了不同应用领域的先进性评价。这些研究对于技术先进性评价具有重要的促进作用。但是，纵观这些文献可以发现，对于先进性的基本定义涉及较少，而且不同文献所表达的先进性含义所包含的范围不尽相同，有的相差甚远。而且这些对先进性的评价更多地以定性评价为主，或者所提出的指标也是建立在专家主观评价的基础上。因而，本章旨在通过建立明确的先进度的概念及评价方法，实现对科技先进性的客观度量，从而实现大量优秀科技成果的筛选，促进科技成果的应用和推广。

5.2　定　义

5.2.1　基本定义

"先进"一词的字典解释是位于前列，可为表率。由此可见"先进"是一个相比较的概念，其潜在的含义是"在和其他事物相比时，位于前列，可为表率"。因此，技术先进性的本义也是指目标技术和其他技术相比的优势特性。技术与技术之间比什么呢？作用或效果！一项技术最终产生了哪些具有优势的实际作用是其先进性的重要特征。因而，技术先进度的定义为：

---

[1]　曾建勋．技术先进性评价的文献计量法［J］．情报知识，1987（04）：29-32.

技术先进度是指一项技术应用所产生的作用或效果所处的水平，通常用等级表示，共分为 7 级。

在该定义中，"作用或效果的水平"是通过与其他技术的对比来实现的。因此，用于对比的技术是体现先进度水平高低的重要参照物。对比参照技术一般来说是在一定范围内处于较高水平的技术，而对比之后的结果有超过、达到和未达到几种情况。根据参照技术的情况和对比的最终结果将先进度划分为 7 个级别，其基本定义如表 5-1 所示。

表 5-1　技术先进度等级基本定义

级　别	定　义
第七级	在国际范围内，该成果的核心指标值领先于该领域其他类似技术的相应指标
第六级	在国际范围内，该成果的核心指标值达到该领域其他类似技术的相应指标
第五级	在国内范围内，该成果的核心指标值领先于该领域其他类似技术的相应指标
第四级	在国内范围内，该成果的核心指标值达到该领域其他类似技术的相应指标
第三级	该成果的核心指标达到所在行业国内标准最高值
第二级	该成果的核心指标达到所在行业国内标准最低值
第一级	该成果的核心指标暂未达到上述任何要求

在先进度等级定义的 4~7 级中，将参照物分为"国际"和"国内"两个范围，对比的结果分为"领先于"和"达到"。按照范围越大，水平越高的原则，水平最高的等级为 7 级：在国际范围内，该成果的核心指标值领先于该领域其他类似技术的相应指标。在 4~7 级定义中，需要注意以下几点。

（1）参照物在相应范围内相同应用领域中，对比指标值应处于除被评成果外其他技术的最高水平。参照物应通过文献检索并结合专家的咨询意见确定。

（2）在选择参照物时，应在相同应用领域中选择。每项科技都是有创新的，都是独一无二的。因此，在对比的时候，并不是与相同或相似技术做对比，而是和具有相同应用目的的技术做对比，这样才能体现以实现相同作用或效果为基础比较相对的水平高低。

（3）核心指标是指能够体现技术主要性能、经济效益或社会效益的指标，是科技成果作用或效果的具体体现。核心指标的选取应结合成果所处的发展阶段以及作用或效果的体现方式。科技成果所处的发展阶段可以以成熟度的等级作为区分点，而作用或效果的体现方式可以从性能、经济效益和社会效益等角度来选择核心指标。下面以新药研发为例介绍核心指标的选取。

对于成熟度在 4~6 级范围内的新药研发技术，没有产生明确的经济效益和社会效益，通常以性能指标作为对比的核心指标，例如，动物试验的治愈率、最小抑菌浓度等。对于成熟度在 9 级及以上等级的新药研发技术，核心指标的选取就多了，从性能的角度可以选取临床试验的治愈率作为指标，也可以从经济效益的角度选取成本作为指标，还可以从社会效益的角度选取治愈人数作为指标。

在先进度等级定义的 2~3 级中，选择标准作为对照物。可以作为对照物的标准包括国家标准、行业标准、地方标准和企业标准，以及国家和地方的相关规定。在同一个行业的不同标准中，对同一个指标的要求是不一样的，能够达到所有标准中最低的准入水平即达到 2 级；达到所有标准中最高的要求即达到 3 级。这部分主要针对有些技术，虽然在与相同应用目的的技术指标对比中不占优势，但是也能够达到相关标准的要求。这些技术也有其实际价值，也应在评价中予以体现。

先进度 1 级是没有达到任何高等级要求的一个级别。从成果评价的角度来说，这种技术是最差的一类，是不值得推广的。但是从科技项目管理的角度来说，在立项时，往往处于这种状态，只要其创新点明确，研究基础扎实，未来还是值得期待的。因而，1 级主要在科技项目管理立项时出现。

在实际评价过程中，通过先进度等级的基本定义可以进行先进度的评价，但是，在实际操作中发现，如果能将每一个级别的定义结合相关的科研业绩进一步细化，则会使先进度的评价更为便捷和准确。王乃彦院士说过："科技评价要注意理论研究和实验研究的差别，基础科学、应用科学、产业化之间的区别。不能用发表论文数作为衡量的唯一标准，要看论文的内容到底解决了什么问题，贡献了什么，有多大的价值。基础理论研究和软科学成果只能以论文、专著、研究报告的形式在科学刊物上发表，听取学术界的反应和评论来进行评价，不宜用鉴定会的形式进行成果鉴定。对于应用技术成果则视其实施后的社会经济效益，通过市场机制来鉴别和评价，经过时间的考验，优秀的得到社会的认可，低劣的被社会淘汰。要彻底改变以鉴定会作为研究工作的最后环节，以鉴定结论作为成果评价的最后依据，而是要真正看学术水平和贡献大小来评价一项科研成果。"❶

在研究细化先进度等级的过程中发现，根据技术先进度的定义，主要是作用或效果水平的对比，而应用类和基础理论类科技成果的作用或效果是不一样的。根据传统研究阶段的分类，可分为基础研究、应用研究和开发研究，这3类研究构成了现代科技研究的完整体系。基础研究致力于发现和认识自然界物质运动的基本规律，揭示各种自然现象之间的联系，担负着探索新原理、开拓新领域的使命，为解决科学技术中的一系列实际问题提供理论指导。基础理论研究结果的主要作用在于对其他基础研究者或应用研究者提供理论支持，给他们以启发和指导。而对于应用研究和开发研究来说，虽然两者的研究阶段不同，但相同点非常明显：两者都有明确的应用目标。因而，在先进性评价体系中，共分为两类：基础理论类和应用类。基础理论类科技成果的先进度评价体系可以应用于基础研究和社会公益类研究；应用类科技成果评价体系可以用于应用研究和开发研究。

5.2.2　应用类技术先进度等级定义

应用类技术先进度等级的定义是在基本定义的基础上，对参照物的类型和水平进行细化，并根据对比结果的高低划分而成，共分为7个等级。应用类技术先进度等级定义如表5-2所示。该表不仅给出了定义，而且给出了每个等级明确的证明材料。

---

❶　王乃彦. 科技评价对科研诚信的影响［J］. 科学与社会，2016（04）：1-3.

表 5-2　应用类技术先进度等级定义及证明材料

级别	定　义	被评科技自身指标证明材料	对比物指标证明材料
7级	被评技术成果的核心指标至少满足以下条件之一： 1) 高于公开报道的或第三方检测的国际一流品牌产品的检测指标 2) 高于国际专利检索中的最高数据水平 3) 高于 SCI、EI 期刊所发表的数据水平 4) 高于鉴定结果为国际领先的相关成果指标 5) 高于经过科技成果标准化评价且先进度为 6 级或 7 级成果的相关指标 6) 若其他国家没有相关的研究，该指标高于中文核心期刊所发表的数据水平（仅适用于产业化技术研究，需咨询专家特别说明）	提供下列材料之一： 1) 成果完成人发表的中文核心期刊以上层次的学术论文 2) 具有检测资质的第三方检测机构出具的产品检测报告 3) 地市级以上科技部门组织完成的项目验收意见	提供下列材料之一： 1) 国际一流品牌产品相关指标的第三方检测报告 2) 对比技术国际专利说明书中，含有对比指标数据的页面 3) 对比技术在被 SCI、EI 收录期刊所发表论文的首页和含有对比指标数据的页面 4) 政府官网或万方数据网站检索到的已完成成果的信息网页截图，或鉴定报告 5) 科技成果标准化评价报告 6) 对比技术在中文核心期刊发表论文的首页和含有对比指标数据的页面（仅适用于产业化技术研究，需专家特别说明，国外没有相关研究或水平较低）
6级	该技术的核心指标至少满足以下条件之一： 1) 达到公开报道的或第三方检测的国际一流品牌产品的检测指标 2) 达到国际专利检索中的最高数据水平 3) 达到 SCI、EI 期刊所发表的数据水平 4) 达到鉴定结果为国际领先或国际先进的相关成果指标 5) 达到经过科技成果标准化评价且先进度为 6 级或 7 级成果的相关指标 6) 超过非 SCI、EI 的高水平外文期刊所发表的数据水平（需专家特别说明） 7) 若其他国家没有相关的研究，该指标达到中文核心期刊所发表的数据水平（仅适用于产业化技术研究，需咨询专家特别说明）		

级别	定　义	被评科技自身指标证明材料	对比物指标证明材料
5级	该技术的核心指标至少满足以下条件之一： 1）高于公开报道的或第三方检测的国内一流品牌技术的检测指标 2）高于国内专利检索中的最高数据水平 3）高于中文核心期刊所发表的数据水平 4）高于鉴定结果为国内领先的相关成果指标 5）高于经过科技成果标准化评价且先进度为4级或5级成果的相关指标 6）高于中文一般学术期刊所发表的数据水平（仅适用于产业化技术研究，需专家特别说明）	提供下列材料之一： 1）成果完成人发表的学术论文 2）具有检测资质的第三方检测机构出具的产品检测报告 3）地市级以上科技部门组织完成的项目验收意见 4）该成果所包含技术的专利说明书中含有自身指标的页面	提供下列材料之一： 1）国内一流品牌产品相关指标的第三方检测报告 2）对比技术专利说明书中，含有对比指标数据的页面 3）对比技术在中文核心期刊所发表论文的首页和含有对比指标数据的页面 4）政府官网或万方数据网站检索到的已完成成果的信息网页截图 5）科技成果标准化评价报告 6）对比技术在中文一般期刊发表论文的首页和含有对比指标数据的页面（仅适用于产业化技术研究，需专家特别说明）
4级	该技术成果的核心指标至少满足以下条件之一： 1）达到公开报道的或第三方检测的国内一流品牌技术的检测指标 2）达到国内专利检索中的最高数据水平 3）达到中文核心期刊所发表的数据水平 4）达到已经认定为国内领先或国内先进的相关成果指标 5）达到经过科技成果标准化评价且先进度为4级或5级成果的相关指标 6）达到中文一般学术期刊所发表的数据水平（仅适用于产业化技术研究，需专家特别说明）	提供下列材料之一： 1）成果完成人发表的学术论文 2）具有检测资质的第三方检测机构出具的产品检测报告 3）地市级以上科技部门组织完成的项目验收意见 4）该成果所包含技术的专利说明书中含有自身指标的页面	提供下列材料之一： 1）国内一流品牌产品相关指标的第三方检测报告 2）对比技术专利说明书中，含有对比指标数据的页面 3）对比技术在中文核心期刊所发表论文的首页和含有对比指标数据的页面 4）政府官网或万方数据网站检索到的已完成成果的信息网页截图 5）对比技术在中文一般期刊发表论文的首页和含有对比指标数据的页面（仅适用于产业化技术研究，需专家特别说明）

续表

级别	定　义	被评科技自身指标证明材料	对比物指标证明材料
3级	该成果的核心指标达到所在行业国内最高标准	提供下列材料之一： 1）完成人发表的学术论文 2）具有检测资质的第三方检测机构出具的产品检测报告 3）地市级以上科技部门组织完成的项目验收意见 4）该技术所包含技术的专利说明书中含有自身指标的页面	提供用于对比的标准名称和含有对比指标要求条款的页面
2级	该成果的核心指标达到所在行业国内最低准入标准		
1级	该技术的核心指标暂未达到上述任何要求	无	无

在应用类技术先进度等级4~7级中，主要选取一流品牌的产品、专利、学术期刊论文和已认定成果作为参照物，并根据这些参照物自身水平的高低，分别对应到不同的先进度等级定义中。

一流品牌的产品是某个应用领域具有引领作用的产品，能够实现对该产品的超越或达到该产品的水平都是难度较高的，因而其对比最具说服力。在第四章讲到的华为手机宣传案例中，华为所采用的对比方式即为与国际一流品牌苹果、三星和骁龙等的对比，充分展现华为麒麟960处理器的高先进度，立即受到消费者的认可。在细分中，又将一流品牌的范围分为国际一流和国内一流，分别对应不同的等级。与一流品牌产品指标的对比必须要提供相关指标的检测报告作为证明材料。该类型的参照物常在评价成熟度7级以上的技术时使用。需要注意的是，所有测试数据必须是由第三方检测机构检测得到的。对于大家熟悉的类似手机这样的行业来说，确定一流品牌比较容易，但是对于一些陌生的领域，在确定一流品牌时，需要通过相关检索来确定，也可以借助咨询专家的帮助来确定。

专利中的检索数据也可以作为对比参照的数据，根据其检索的范围，也可以分为国际检索和国内检索。由于在专利审核的过程中，对于数据的审核相对弱一些，因而专利作为先进度证明材料时，其证明的力度相对弱一些。

学术期刊发表的论文是科技成果标准化评价中经常用到的参照物。期刊的水平越高，其总体的水平越高，数据可信度也越高。根据期刊的水平可以将期刊分为若干等级，但是对于应用类科技成果来说，仅看论文的水平意义不大。因而在应用类技术先进度等级定义中，仅将论文的水平分为 SCI 和 EI 级别、中文核心期刊级别和一般学术期刊 3 类。SCI 和 EI 级别的期刊所收录的论文均为国际范围内的优秀期刊，其水平和可信度都较高。中文核心期刊所代表的是国内具有较高水平和较高可信度的一类期刊。这类参照物经常在评价成熟度为 6 级左右的科技成果时使用。需要注意的是，对论文水平的要求仅是达到相应层级的底线。在实际对比中，一定要在相应级别的论文中找到相关指标的最高水平，才能使先进度的评价更具说服力。

已经认定的科技成果也是科技成果标准化先进度评价中重要的一类参照物。已经认定的科技成果可以分为两类，一类是通过传统的专家鉴定的成果，另一类是经科技成果标准化评价体系评价的成果。传统鉴定的结论通常分为国际领先、国际先进、国内领先和国内先进 4 个等级，根据与这 4 类结论中数据的对比，可以实现先进度等级的评价。经过科技成果标准化评价的科技成果，在作为参照物时对比方式更为简单，结果更准确，而且通过标准化评价可以实现不同应用领域核心指标数据的积累，随着评价数量的增加，能够形成大数据源，从而不断提升先进度评价的准确性。

注意事项：

（1）表 5-2 中所列要求为达到相应级别的最低标准。以 7 级中的第 3）条为例，即使对比参照物是 SCI 收录的论文，只能说明该参照物满足本级的最低要求，还可以由科技评估师进行检索，或者由咨询专家进行判断，争取将 SCI 中的最高指标找到，这样对比的说服力才更强。由于成本和专业水平的限制，对于不同的评价目的可以有不同的要求，但是所有的应用都应满足底限要求。

（2）表 5-2 中所提到的被评科技的相关指标和用于对比的相关指标均需

提供公开发表的材料作为证明材料。用于对比的参照物指标证明材料需为近 5 年内的，超出 5 年的需由专家对其有效性做出特别说明。

（3）表 5-2 中所提到的中文核心期刊指北京大学图书馆发布的《中文核心期刊要目总览》中所包含的期刊。

（4）先进度 1 级仅适用于科技项目管理类评价时，确定项目初始状态。

5.2.3　基础理论类成果先进度等级定义

基础理论类成果先进度评价的主要依据是该成果对其他研究者的启发和指导，没有明确的可对比的指标。因而，基础理论类成果先进度等级的划分依据该理论研究成果所发表期刊的分区、被引次数、出版专著、制订标准等的数量或水平。基础理论类先进度等级定义如表 5-3 所示。该类成果的评价主要针对成熟度为 1~3 级的成果和公益类研究，仅在以成果评奖或政府科研项目管理为评价目的时有用。在以技术交易为评价目的时，使用极少。对该类成果进行先进度评价时，需提供由国家指定检索机构出具的关于影响因子、分区和被引次数的证明作为支撑材料。

注意事项：

（1）表 5-3 中所列要求为评定相应级别的最低标准。

（2）科技成果在满足最低标准后，还需要评价咨询专家结合该研究领域的研究现状对其证明材料进行审核和水平判断，才能最终确定其先进度等级。

（3）公益性科学技术研究成果的评价也可根据该方法进行评价。

（4）表 5-3 中所提到的分区是指中国科学院 JCR 期刊分区；专著是指学术著作，不包含科普性书籍、教材；论文指研究类论文，不包括综述类论文。中文核心期刊指北京大学图书馆发布的《中文核心期刊要目总览》中所包含的期刊；中华系列（中华医学会主办）期刊是指中华医学会主办的"中华系列"期刊，不包含中华医学会主办的其他系列期刊，以中华医学会官网公布的为准。

表 5-3 基础理论类技术先进度等级定义和证明材料

级别	定义	证明材料
7 级	满足以下条件之一： 1）至少 1 篇论文发表在 1 区刊物上 2）至少 1 篇论文发表在 2 区刊物上，且累计他引 70 次（含）以上 3）有 1 篇论文的累计他引 100 次（含）以上 4）主编英文专著 1 部 5）主编的中文专著被翻译成英文专著 6）主持完成国际标准 1 项	提供下列材料之一： 1）SCI 收录证明（含中科院分区和被引次数）和论文首页 2）英文专著封面和体现作者位次的页面 3）国际标准首页和体现起草人位次的页面
6 级	满足以下条件之一： 1）至少 1 篇论文发表在 2 区刊物上 2）至少 1 篇论文发表在 3 区刊物上，且累计他引 50 次（含）以上 3）有 1 篇论文的累计他引 70 次（含）以上 4）作为副主编完成英文专著 1 部	
5 级	满足以下条件之一： 1）至少 1 篇论文发表在 3 区刊物上 2）至少 1 篇论文发表在 4 区或 EI 刊物上，且累计他引 30 次（含）以上 3）有 1 篇论文的累计他引 50 次（含）以上 4）参编英文专著 1 部 5）参与完成国际标准 1 项	提供下列材料之一： 1）SCI、EI 收录证明（含中科院分区和被引次数）和论文首页 2）专著封面和体现作者位次的页面 3）国家或行业标准首页和体现起草人位次的页面
4 级	满足以下条件之一： 1）至少 1 篇论文发表在 4 区刊物或 EI 刊物上 2）至少 1 篇论文发表在中文核心刊物上，且累计他引 20 次（含）以上 3）有 1 篇论文的累计他引 30 次（含）以上 4）主编出版专著 1 部 5）主持完成国家或行业标准 1 项	
3 级	满足以下条件之一： 1）至少 1 篇论文发表在中文核心刊物上 2）至少 1 篇论文发表在中华系列（中华医学会主办）期刊上 3）有 1 篇论文的累计他引 20 次（含）以上 4）参编专著 1 部 5）参与完成国家或行业标准 1 项 6）主持完成地方标准或企业标准 1 项	提供下列材料之一： 1）论文首页 2）论文的引用证明 3）专著封面和体现作者位次的页面 4）地方标准或企业标准首页和体现起草人位次的页面

级别	定义	证明材料
2级	满足以下条件之一： 1）至少发表 3 篇学术论文 2）有 1 篇论文的累计他引 10 次（含）以上 3）参与完成地方标准或企业标准 1 项	
1级	该技术成果的论文发表暂未达到上述任何要求	

5.3　评价方法

5.3.1　应用类技术先进度评价方法

在对应用类技术先进度进行评价时，其主要目标是将被评技术的核心指标与参照物的相同指标进行对比。首先要明确被评技术的应用领域和在该领域发挥的作用，然后要明确体现该作用的核心指标，同时找到证明该核心指标的相关材料，这样对被评技术的信息展示就完成了。参照物的选取也是重要的工作。所选的参照物必须是与被评技术有着同样应用领域，并且能够用同一个核心指标来衡量的相关技术。需要提供参照技术的名称、在国内外所处的级别以及指标值，同时必须提供能够证明这些信息的相关材料。应用类技术先进度评价需要填写的表格如表 5-4 所示。科技评估师根据这些信息和证明材料，对照先进度的等级定义，确定该指标的先进度等级。在表 5-4 中，可以列出多个核心指标的对比数据，增加先进度评价的说服力。多个指标在排列时按照重要程度从上向下排列。在判断相关信息过程中，凡是根据先进度等级定义不能确定的信息，需要咨询相关专家。

表 5-4　应用类技术先进度指标对比评价表

被评成果			参照物				先进度
指标名	指标值	证明材料编号	名称	级别	相应指标值	证明材料编号	

注意事项：

（1）表5-4中所列的被评成果指标值和参照物相应指标值都需要提供符合表5-2中所列的证明材料。

（2）参照物的级别是指证明材料的级别或参照物指标的级别或参照物本身的级别。

（3）在满足最低标准后，还需要评价咨询专家对其所列指标是否为核心指标、参照物水平等进行判断，才能最终确定其先进度等级。

（4）专家对成果方所提出的参照物水平有异议时，要提供相关的证明材料或做出书面说明。

5.3.2 基础理论类成果先进度评价方法

在对基础理论类技术先进度进行评价时，主要评价被评成果的相关业绩，需根据该成果所发表论文、所出版专著、所制订标准等的水平按照表5-3的要求进行等级评定。基础理论类成果先进度评价信息表如表5-5所示。

表5-5 基础理论类成果先进度评价表

序号	论文（论著）名称	发表刊物（出版社）	收录层次	发表（出版）时间	作者	JCR分区	影响因子	他引总次数	SCI他引次数	证明材料编号
1										
2										

注意事项：

（1）表5-5中最多填写8篇相关论文、专著或标准。

（2）表5-5中的作者顺序须按实际发表的顺序填写。

（3）表5-5中所列证明材料须符合表5-3中的要求。

（4）表5-5中的信息需根据评价目的在科技评估师的指导下进行填写，不必全部填写。

（5）科技成果在满足最低标准后，还需要评价咨询专家对其提供证明材料的水平等进行判断，才能最终确定其先进度等级。

（6）专家对成果方所提供证明材料的水平有异议时，要提供相关的证明材料或做出书面说明。

5.4 实际意义

技术先进度通过对比评价表，清晰展示先进度评价的过程信息，评价报告使用者获得的不仅是一个结果，更重要的是了解技术的核心应用指标的对比情况，对于结果的使用者来说具有多方面的意义。

技术先进度是科技评价的一个非常重要的指标，在传统鉴定过程中也是决定成果水平的重要依据。但是，在传统的鉴定过程中对论文依赖的倾向过大，无论理论研究还是应用研究都离不开论文作为核心支撑材料。而在标准化评价中，明确区分理论研究和应用类研究，并且根据各自的特点制订不同的等级定义。尤其是对于应用类研究来说，技术先进度的等级定义摆脱了"唯论文"的情况，以应用为导向，以应用领域核心指标值的对比来确定最终的先进度。论文只是证明材料之一，论文层次高低只作为判断该证明材料可信度的依据，而不作为直接判断先进度的依据。应用类技术先进度的评价直接以应用指标值的对比来评价，有利于建立科技服务于生产力的导向，真正促进科技的健康发展。

而对于应用类技术来说，根据其先进度等级的定义，只有具有实用性并且有明确的应用领域才能给出明确的对比指标值。因而，先进度本身就包含实用性的概念，不实用的应用技术没有先进度。如果先进度与成熟度结合，其实用性就更清楚了。例如，评价为成熟度9级、先进度7级的技术，说明该技术肯定在实际环境中可以应用，而且应用效果在国际同行中处于优势地位。再如，评价为成熟度6级、先进度7级的技术，说明该技术在实验室环境的应用中具有较好的实用性，取得较好的应用指标值，可以预期未来在实际环境中也可能会取得较好的效果。需要注意的是，对成熟度6级的技术，实用性经过一定程度的证明，但还是存在若干的不确定性，在实际环境中只能是可能性，毕竟从实验室研究向生产研究还有许多工作要做。因而，先进度的评价更有利于挖掘实用技术，而且可以挖掘到领域内高水平的实用技术。

技术先进度便于不同领域技术的水平对比。每项技术先进度评价都是通过与本领域的相关技术做对比而得到的评价等级，体现的是被评技术相对于本领域其他技术的水平，而这种水平划分方法在不同的领域中又是统一的，因而，不同领域的技术可以进行水平对比。这样就可以从一个角度解决高校科研院所中对于应用类科研人员在职称评聘时，没有可以横向比较的依据，不得不依赖论文的问题。

　　技术先进度在实际中的应用是多方面的，需要结合不同应用目的合理利用，才能真正发挥技术先进度的作用。在后面的章节中，我们将结合其他指标讨论先进度在实际应用中的作用。

第六章　科技成果标准化评价结果的综合意义与作用

6.1　科技成果标准化评价指标的综合意义

科技成果标准化评价结果包括成熟度等级、创新度等级、先进度等级、效益分析和团队成员信息等。其中后两个结果易于理解，在此不再详述。前面 3 个等级结果对于各个应用目的都有重要的意义。成熟度、创新度和先进度 3 个指标每个都相当于了解被评科技的一个维度，里面包含若干信息，需要结合不同的应用目的去理解和应用。每个指标单独的意义在前面几章中已做过介绍，但是仅从一个维度来讨论一项技术难免有些片面，意义不够深刻。如果将两个或多个指标结合到一起来表达一项技术，所反映的信息会更加全面和准确。

6.1.1　创新度与先进度的综合意义

创新度和先进度均是横向对比指标，从不同角度反映被评技术相对于类似技术"水平"的高低。当这两个指标结合起来表达一项技术时，能够较为全面地反映被评技术"水平"的高低。创新度与先进度综合意义如图 6-1 所示。图中，横坐标为创新度等级，纵坐标为先进度等级。创新度等级和先进度等级的相交处会产生一个点，如图 6-1 中的黑色方点，总共有 28 个点。每个点都在一个方框中，该点是这个方框的代表。

从科技评价的角度，图 6-1 可以这样理解，该图中包含所有被评价的技术，根据评价结果的不同，可以将这些技术分为 28 类，每个点的横坐标和纵坐标即为该点的名称，例如图 6-1 中右上角 A 点的名称为 4-7 点。该点不是代表某个技术，而是代表一类技术，或者说代表一个范围内的技术，该范围即为该点所在的方框。

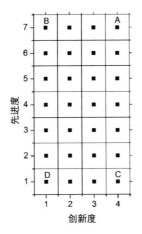

图 6-1 创新度与先进度综合意义

根据创新度和先进度等级的定义和不同领域科学技术的特点，图 6-1 所示的每个方框在科研实践中都能找到明确的对应技术，因而产生了实际的意义。下面对图 6-1 中的 4 个极值点所代表的含义进行分析。

第一个点，4-7 点，如图 6-1 中 A 点所示。该点所代表的是具有国际范围独有创新点，而且创新后的结果在应用中获得较好的效果，其相关指标处于领先地位的一类技术。可以确定，该类技术在国际范围内其应用领域中处于领先地位，这类技术很常见。

第二个点，1-7 点，如图 6-1 中 B 点所示。该点所代表的是创新性较低，其技术在国外已有应用，而且研究方法参考了其他技术，但是，最终应用的效果非常好，其核心指标甚至超过国际同类技术水平的一类技术。这类技术非常少见。例如，仿制药的技术即属于这一类，但是很少有仿制后效果超过被仿药的，因而，对于仿制药主要的是在 1-5 点所代表的范围中。

第三个点，4-1 点，如图 6-1 中 C 点所示。该点所代表的含义是：该类技术的创新性非常高，有较好的创新点，但是该创新点暂时没有产生实际的应用，没有实际效果。这类技术主要处于技术的初始阶段，仅有好的想法，但是没有实际的效果。如果作为项目完成的结果来讨论的话，这类技术存在投资的潜力，但暂时没有实际用途，投资风险非常大。

第四个点，1-1 点，如图 6-1 中 D 点所示。该点所代表的含义是：该类技术的创新性非常低，而且还没有任何实际的应用效果，只是在某些仿制类技术项目的立项阶段出现。

有了 4 个极值点的分析，其他点的含义也就基本清楚了。其他点相对极值点而言，就是创新度和先进度等级不断增加或降低的过程点，因而含义也是渐进的。读者可以结合自身的科研经验对其他点进行分析，每个点都会找到对应的技术状态。只有将图 6-1 中每个点的含义都搞清楚，才能在实际工作中灵活运用创新度和先进度的评价结果，更好地对各技术的"水平"进行分类，进而应用于不同的工作。

6.1.2 标准化评价结果与传统鉴定结果的对应

一方面，在科技成果标准化评价体系中，各指标的值是评价后的标准化结果。但是由于科技成果标准化评价现在处于试点阶段，为了与传统的评价结果实现对接，需要建立标准化评价结果与传统鉴定结论的基本对应关系。另一方面，在科技评奖等应用中也需要有一个综合评价结论。仔细分析这些传统鉴定的结论会发现，评价这些结论的主要依据就是创新性和先进性。因而根据创新度和先进度的等级定义及其所反映的基本意义，确定标准化评价结果与传统鉴定结果的对应方式，如表 6-1 和表 6-2 所示。

表 6-1 应用类科技评价综合结论对应表

级别	创新度要求	先进度要求
国际领先级	≥3	=7
国际先进级	≥3	≥6
国内领先级	≥1	≥5
国内先进级	≥1	≥4
国家标准级	≥1	≥3
地方标准级	≥1	≥2
创新起点级	≥1	≥1

表 6-1 为应用类科技评价综合结论对应表。表中给出综合结论与创新度和先进度的对应关系。而且在原有的评价结论基础上又增加 3 个等级，共分为国际领先、国际先进、国内领先、国内先进、国家标准、地方标准和创新

起点 7 个等级，其水平依次降低。综合评价结论需以表 6-1 中所列标准为底限，结合评价咨询专家的意见进行最终评定。

表 6-2　基础理论类科技评价综合结论对应表

级别	创新度要求	先进度要求
国际领先级	≥3	=7
国际先进级	≥3	≥5
国内领先级	≥1	≥4
国内先进级	≥1	≥2
创新起点级	≥1	≥1

表 6-2 为基础理论类科技评价综合结论对应表。对于基础理论来说，不存在地方标准级和国家标准级。根据基础理论类创新度和先进度的等级定义，综合结论共分为国际领先、国际先进、国内领先、国内先进和创新起点 5 个等级，其水平依次降低。综合评价结论需以表 6-2 中所列标准为底限，结合评价咨询专家的意见进行评定。公益性科技项目研究成果的综合结论也可依据此要求进行评定。

6.1.3　成熟度、创新度和先进度三指标的综合意义

当成熟度与创新度和先进度一起来表达一项技术时，对技术的表达就是三维的，可以通过这 3 个维度将所有被评价的技术分为 364 类。每一类都代表科研实际中的一类技术，都有各自的特点，不存在绝对的"好技术"和"差技术"。只有深入了解每一类的特点，才能结合自己的目的，发现最适合的技术。

成熟度体现的是技术自身纵向的发展阶段，而创新度和先进度是横向对比的结果，体现的是科技水平。当纵向发展与横向对比综合到一起时，就会得到图 6-2。

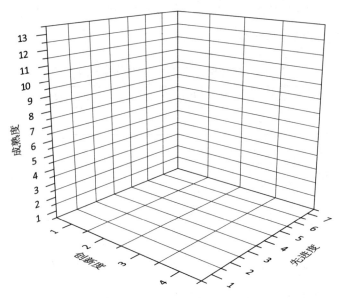

图6-2　成熟度、创新度和先进度综合意义图

　　图6-2的基本原理与图6-1相同，只不过由二维变为三维。每一个成熟度、创新度和先进度的相交处都有一个点，这个点的名称是由这3个度的等级确定的，如果是3位数则这3位数分别是成熟度、创新度和先进度的等级，例如9-4-7点，则是指成熟度为9，创新度为4，先进度为7；如果这个数是4位数则前2位是成熟度，后2位分别为创新度和先进度，例如13-2-5，则表示成熟度为13，创新度为2，先进度为5。这些点所代表的是一个立体空间范围，总共364个立体方块。也就是说，图6-2中三维图形的所有范围代表所有被评价的技术，评价后总共分为364类，每一类技术的名称即为成熟度、创新度和先进度的等级。有了这些分类后，在实际应用时思路就会清晰许多。下面通过几个例子来介绍这些类别的含义。

　　（1）9-4-7类技术。所代表的含义为该类技术已经达到能够在实际生产中实现批量生产的程度，而且运用了全新的技术，最重要的是其核心指标处于国际领先地位。该类技术投资的前期投入较大，研发周期较长，达到了在实际中应用的水平，因而可以预计投资的风险较小，转让价格相对较高。

　　（2）13-2-5类技术。所代表的含义为该类技术在国内很新，但在国外已经有相关研究成果，例如引进国外的先进技术进行再创新的研究。该类技术所取得的结果在国内该领域中处于领先地位，而且该类技术已经进行市场化推广，并且取得了较高的收益。有些仿制药的技术就属于这一类。

（3）6-4-7类技术。所代表的含义为该类技术已经完成实验室研究阶段的工作，而且运用了全新的技术，其相关实验核心指标处于国际领先地位。此类技术相对9-4-7类技术而言，虽然创新度和先进度完全一致，但是6-4-7类技术是通过模拟环境中得到的相关指标对比产生的，在实际生产中能否实现该指标还是未知的，因而与9-4-7类技术的价值相差较大。

通过这几个例子可以看出，了解每个类别技术含义的关键是对成熟度、创新度和先进度的基本定义有所理解，同时，还需要结合相关科研领域的基本知识。理解这些分类对于理解后续标准化评价在不同情况下的应用非常重要。

6.2 在科技成果评奖中的作用

科技成果评奖是科技成果标准化评价体系的一个重要应用目的。在科技奖项评选过程中，科技成果标准化评价体系的作用主要体现在以下几个方面。

（1）"科技普通话"的作用。在科学技术奖申报和推荐基本条件中可以结合现有的基本要求和科技成果标准化评价相关指标等级的意义，将申报要求表达得更加简单、准确。例如，自然科学奖项目的条件可以设为"成熟度3~6级，创新度3~4级，先进度5级及以上"，科技进步奖的条件可以设为"成熟度13级，创新度1级及以上，先进度4级及以上"。这种表达方式就相当于用标准化语言来表达科技工作中的基本信息。这种应用需要建立在科技成果标准化评价在评奖地域范围内有较好推广的基础上。

（2）便于成果前期筛选。现有评奖过程中，材料交到负责评奖的科技主管部门后，筛选和审核的工作量非常大，而且时间非常紧张。而如果通过标准化评价的方式参与报奖的话，评价机构按照评奖要求对评奖成果进行审核，对相关指标值进行评价，使评价结果和相关附件材料符合评奖的基本形式要求，而且所有评价机构在完成评价报告时，都按照统一的标准来完成评价报告。这样评奖材料一旦提交，从形式到评价结果都有横向可比性，审核和筛选的过程也就更加简单和准确。这相当于将评奖过程的许多工作前置，并且社会化，提高了评奖工作的效率。

（3）作为评奖过程的客观得分指标。评价的各指标值除了作为门槛之外，还可以作为客观指标值，进行加权后，在最终的评奖结果中体现，极大地提高了评奖过程的客观性。

（4）评价报告作为评奖专家的主要参考资料。以评奖为评价目的的评价报告中的内容都是评奖专家关心的主要内容，评价报告展示的方式更简单、准确。因而，在评奖过程中，评奖专家组可以把评价报告作为获取被评成果信息的主要渠道。

2014—2016 年，青岛市的科技成果标准化评价报告总共有 530 个应用于国家、省、市等各级政府的科技奖的评选工作，并获得多个各级奖项。

6.3 在技术转移过程中的作用

为加快实施创新驱动发展战略，落实《中华人民共和国促进科技成果转化法》，打通科技与经济结合的通道，促进大众创业、万众创新，鼓励研究开发机构、高等院校、企业等创新主体及科技人员转移转化科技成果，推进经济提质增效升级，国务院于 2016 年 2 月印发了《关于印发实施〈中华人民共和国促进科技成果转化法〉若干规定的通知》。通知中对高校科研院所的技术转移工作提出了明确的要求，这也显示我国对技术转移的需求越来越迫切。实际上技术成果转化率低这个问题一直存在，只不过在我国实施创新驱动发展战略时，对解决该问题的要求显得更为迫切。

要想解决这个问题，首先要讨论清楚我们面临的到底是什么问题。我们面临的是没有技术转移吗？不是，我国的技术转移工作一直在有条不紊地发展着，大部分是自发产生的，往往都是科研人员直接与熟悉的企业联系，实现技术转移，或者反过来联系。这部分专家往往都是既熟悉专业也了解市场的。这种自发的技术转移对科研专家的要求还是比较高的，因而，现有技术转移的数量在所有科技成果中所占的比例极低。我们当前面对的问题是如何提高高校院所技术转移率的问题，所需做的工作是促进自发技术转移之外那些技术的转移转化。由此可以得出技术转移"供给侧"制约技术转移的两个重要因素：

（1）科研人员不擅长市场推广，或者在技术研发专家和技术需求企业之间还存在较大的信息交流障碍。

（2）科技成果数量庞大，水平参差不齐，真正适合转化的成果所占的比例较小。国家鼓励大众创业、万众创新以后，又将诞生无数的创新，科技成果数量会不断增大。

明确了这两个特征，在解决如何提高技术转移率的问题时会更有针对性。针对第一个特征，国家正在大力培育技术经纪人和技术中介机构，促进技术买卖双方的信息沟通，运用综合知识指导双方完成技术转移的各个环节。同时，国家各级主管部门或中介机构也建立了各种技术交易网站，加强技术的宣传和推广。经过近几年的发展，这些措施有效地提升了技术转移的数量，但是高校院所的整体技术转移率还处于非常低的水平。第二个特征也是解决该问题的难点所在。现在的中介、网站更多的是对技术的一般性描述，主要起到信息展示和交流的作用。但是，面对浩瀚的技术信息或需求，如何找出适合转化的项目呢？现在要做的不是要单纯地把某一个技术评价好，而是要把许多技术评价好，评价的结果最好具有横向可比性。科技成果标准化评价恰好就是解决该问题的工具之一。在技术转移的各个环节中，科技成果标准化评价都能发挥重要的作用。它不仅能以"科技普通话"的形式给技术转移各方传递信息，而且能够给出重要的判断依据。下面介绍科技成果标准化评价体系在技术转移过程中的作用。

技术经纪人在技术转移过程中发挥重要作用。技术经纪人在进行技术筛选时，可以根据科技成果标准化评价的基本思路，对各个技术进行初步评价，然后根据自己的推广要求，设定筛选的条件，可以去掉一大部分不适合转化的项目。在通过各种途径推广筛选出的优质技术时，可以将每一个技术的标准化评价结果以合适的方式展示出来，便于不同的企业或投资人根据自身的情况进行判断。

对于技术卖方来说，可以通过科技成果标准化评价，加深对自己成果的了解。可以通过相关技术交易网站根据标准化评价结果进行检索和比较，合理确定交易价格预期。也可以根据评价结果判断自己的技术是否适合转化，如果发现不适合转化，可再继续研发；如适合转化，可以借助技术交易网站等媒介进行标准化的宣传。

对于技术投资人来说，在投资任何一项技术之前都要考察大量机会。美国风险投资公司 Accel Partners 的合伙人吉姆·布雷耶说过："我们每年要看上万份商业计划书，而我们只投资大约十家公司。"❶ 在投资过程中，如何进行预筛选？如何进行尽职调查？回答这两个问题并做好相应的工作是重要的环节。风险投资尽职调查集中于 3 个主要方面：管理、市场和技术。最好的机会通常是这 3 个方面的合理组合。其中技术部分的调查可以通过科技成果标准化评价来实现。

由此可见，科技成果标准化评价体系在技术转移过程中的主要作用有两个：一是充当技术转移过程中各方沟通的"科技普通话"，促进技术转移的顺利进行；二是确定技术的关键指标值，使技术转移过程中各方都能结合自身的情况进行客观的判断，使技术交易过程更为理性。

6.4　在科技计划项目管理中的作用

在科技计划项目管理的过程中，如何实现对多个不同领域项目的绩效考核是一个亟待解决的问题。能够实现不同领域项目之间的横向对比恰好是科技成果标准化评价结果的特点之一，因而，将科技成果标准化评价体系应用于科技计划项目管理具有广阔的前景。

科技计划项目管理过程包括项目立项、实施管理、项目验收 3 个主要阶段，与这 3 个阶段对应的科技评价称为事先评价、事中评价、事后评价。

（1）事先评价，是在科技活动实施前对实施该项活动的必要性和可行性所进行的评价；在该阶段，可以用标准化指标值来提出对项目基础的要求。同时，项目申请人还提出项目预期完成的标准化指标值，项目管理单位根据其基础判断其目标的可行性，最终确定是否立项。一旦立项，目标值将成为未来验收的判定点。因而这些指标值的确定应根据项目所引导的方向和完成项目所必需的基础设定。例如，国家自然科学基金资助项目的技术成熟度应该在 1~2 级，成熟度级别太高就不适合这个项目资助，创新度应该在 3 级及以上，先进度的初始值可以不做要求。预期目标可以设定为成熟度 3 级，创

❶ 马亨德拉·拉姆辛哈尼. 如何成为一名成功的风险投资人［M］. 2 版. 路蒙佳，译. 北京：中国金融出版社，2015：163-195.

新度 3 级及以上，先进度预期值的设定会成为项目立项审批的一个重要因素。先进度预期值较高有利于项目的立项，但是项目实施时难度加大，验收时也要按预期目标来完成。因而先进度的设定要根据自身的实际研发能力，确定一个合适的目标值，而不要好高骛远。再如，国家重点研发计划的初始资助阶段的成熟度基本在 3~4 级，创新度在 2 级及以上，先进度可以不要求。预期目标可以设定成熟度在 6 级或更高一些，创新度基本和现有的基础是一致的，先进度一般设定在 5 级或更高一些。各指标预期值的确定是一个衡量自身实力与目标难度是否匹配的一个过程，并不是越高越好。

（2）事中评价，是在科技活动实施过程中对该活动是否按照预定的目标、计划执行，并对未来的发展态势所进行的评价。评价的目的在于发现问题，调整或修正目标与策略；在项目实施管理过程中，可以通过技术增加值动态监控项目的进展。同时，结合工作分解结构，可以动态展示项目各部分的进展和财务支出情况，便于进行财务监督。《国家科技计划项目管理暂行办法》规定，超过 3 年的项目应进行中期检查或中期评估，即为事中评价。一旦有了项目初期评价的基本材料，包括工作分解结构，每个 WBE 的初始成熟度等，标准化评价体系可以快速、低成本地完成中期评价，而且能够明确地指出项目进展的优点和不足之处。

（3）事后评价，是在科技活动完成后对科技活动的目标实现情况以及科技活动的水平、效果和影响所进行的评价。根据科技成果标准化评价指标的定义可以发现，这些指标能够反映科技活动的水平、效果和影响。在事后评价阶段，需要对项目进行全面的标准化评价，从而确定最终完成情况和各指标值，将最终的指标值与预期指标值对比即可确定项目的完成情况。由于科研过程中存在若干的不确定因素，最终的结果无法以定量的方式预测，而标准化评价结果是以等级的形式表示一个范围，这样使得项目结果的预期和最终评价的结论更符合科研过程的特点。同时，这些以相对定量的形式出现的指标值，能够实现不同领域技术水平的对比，更加便于最终的绩效考核。

6.5 在研发过程管理中的作用

科技成果标准化评价是以"科技的发展服务于生产力的发展"为导向的。

通过推广科技成果标准化评价体系，可以引导科研工作者在科研的各个阶段都能够目标明确，导向清晰，让科技的发展真正能够服务于生产力的发展，杜绝"单纯为了创新而创新，为了论文而创新，为了专利而创新"的现象。尤其在我国大力倡导"大众创业，万众创新"的形势下，更应该明确引导科研工作者意识到，国家所鼓励的不仅是创新，而是能够服务于生产力发展的创新。不仅要提高创新的数量，关键是要提高创新的质量。

科技成果标准化评价体系中所用的细分化评价工具——工作分解结构，是项目管理学中的重要管理工具。通过对工作分解结构在标准化评价中的广泛应用，有助于科研人员了解并应用该工具，进而提高科技项目管理的质量，从而不断提高创新质量。科研项目负责人在对团队进行考核管理时，可以应用工作分解结构实现任务的分配，并且可以通过设定各 WBE 的成熟度、创新度等指标值来确定考核目标和研发进度，从而便于项目的快速推进和有效管理。

6.6 在科技成果管理中的作用

目前，我国的成果管理机构进行成果管理的方式主要是以科技成果登记为主。科技成果登记是成果转化、推广、统计、奖励等科技成果管理的基础。国家科技成果登记系统对于各级成果管理机构和成果完成单位而言，是一个完全独立的科技成果管理工作系统，全国科技成果完成单位和各级科技成果管理机构使用该系统以定期或不定期的方式生成上报数据文件，再通过文件的传输，实现科技成果数据的层层上报，最后通过数据导入，形成各级成果管理部门的成果数据库。该成果数据库包含成果转化、推广、统计、奖励等应用目的所需的大部分信息，对我国科技成果的检索、分析和进一步用于指导下一步的发展具有重要的作用。但是，在该数据库中，主要是定性的信息，缺少与成果密切相关的可量化的指标，也缺乏体现科技成果价值的相关指标。

科技成果标准化评价结果所包含的数据，不仅是成熟度、创新度、先进度和经济效益这些指标，而且还包含针对具体应用领域的对比指标。将这些指标值再充实到现有的成果登记数据库中，无疑会极大地提升该数据库的实用性。例如，某个省长想到这样一个问题："现在我省有多少达到工业化应用的且创新性和先进性能达到国际水平的成果，最好是经济效益也不错的，去年至少也得收入 500 万元。"通过融入了标准化评价结果后的数据库就很容易检索出结果。用如下检索式就可以实现：成熟度 = 13 且创新度 ≥ 3 且先进度 ≥ 6 且 2016 经济效益 ≥ 500。

结合前面所讨论的标准化评价在评奖和技术转移中的应用，也就可以理解，融入标准化评价结果后，成果登记数据库会在这些方面发挥更大的作用。

6.7 在无形资产评估体系中的作用

无形资产评估是指以无形资产价值形成理论为基础，考虑影响无形资产价值变动的各种因素，选用适当的评估方法，对企业无形资产在一定时点上的价值进行量化的过程。无形资产进行评估和估价在资产拍卖、转让、企业兼并、出售、联营、股份制改造、合资、合作中发挥着重要作用。技术型无形资产是无形资产中较为重要的一类，它是在资产形成的过程中技术因素起决定作用，其价值通过所含技术的先进性和实用性等因素来体现的无形资产。

在科学技术飞速发展的今天，技术类无形资产产生的频率不断加快，同时这类无形资产对整个人类社会的发展所产生的推动作用将越来越大。能否科学地对技术类无形资产的价值进行评估，不仅影响到这类无形资产在交易过程中的公平性，同时也对高新技术的发展有着重大的影响。技术类无形资产评估与科技成果标准化评价的评价对象非常接近，但是其过程和结果有较大的区别。技术类无形资产评估以确定技术类无形资产的价格为最终目的，过程中需要综合非常多的因素，结合了较多"估量"的因素。而科技成果标准化评价是以确定技术的核心指标等级，从而发现其价值为目的，此过程中考虑的因素主要是技术本身的一些指标，而这些指标值的确定主要依靠客观材料，所得结果更加客观，但是相比无形资产评价而言，全面性还是不够。无形资产评估经过多年的发展，形成了一套较为完备的体系，但是其中需要主观"估量"的因素较多，如果能将科技成果标准化评价体系与无形资产评估体系相结合，无疑会极大地提高技术类无形资产定价的客观性。下面对两者的结合进行探讨。

无形资产评估的基本方法有收益法、市场法和成本法。实务中涉及专有技术评估的目的主要有两类：一是以成本摊销为目的，二是以投资、转让为目的。以成本摊销为目的的专有技术评估，主要是为了资本保全、实现生产要素的价值补偿、防止国有资产的流失等。以成本摊销为目的的专有技术评估，选用成本法最为适合。以专有技术投资或将专有技术转让为目的的评估，交易双方所看重的，都是专有技术未来的盈利能力，此时选用收益法评估最为适合。而对于市场法，由于国内目前还不具备使用市场法必需的前提条件，即有一个充分发育的、活跃的专有技术市场，有足够的与被评估专有技术进行比较的参照物，因此，目前专有技术价值评估的方法一般暂不考虑采用市场法。❶ 在技术转移过程中，收益法是普遍认可的评估方法。采用收益法进行无形资产评估时，评估值的基本公式可以表示如下：❷

$$P = \sum_{i=0}^{n} F_t (1 + i)^{-t} \qquad (1)$$

式中：P——资产现值（即评估值）；

F_t——第 t 年的净收益；

i——适用的折现率；

n——净收益可以持续的年限。

在收益法中，确定评估值的主要参数是收益额、折现率和收益期。在此主要探讨通过科技成果标准化评价结果来完善收益额的计算。关于收益额的折算方法中，目前应用较为广泛的是通过对销售收入或销售利润进行分成来确定收益额，因为分成支付方式能使技术的报酬与实施技术后的利益挂钩，较好地体现了风险共担、利益共享的原则。计算公式如下：❸

$$收益额 = 销售收入 \times 销售收入分成率 \qquad (2)$$
$$= 销售利润 \times 销售利润分成率$$

在公式（2）中最难确定的是分成率。在不同的计算方法和应用领域中，分成率差距非常大，有的领域中能相差几十倍。目前，确定分成率时，有的通过经验法，即"三分法"或"四分法"；也有的是根据一些权威组织提供的一个选取范围，再结合主观经验确定。经验法只是根据大的行业不同给出了参考值，权威组织的选取范围也只能区分到应用领域，没有对其中所涉及技术的特性进行分类。因而，实际应用的偏差较大。有些专家也明确，在确

❶ 李辉. 专有技术的收益法评估 [J]. 中国资产评估，2005（7）：15-17.

❷❸ 苑泽明. 无形资产评估 [M]. 上海：复旦大学出版社，2005：15.

定分成率时要对技术的实用性、先进性、垄断性、成熟度等指标进行细致考察。还有专家明确指出"要准确评估出净收益，必须要调研专利技术的创新梯度。创新梯度越大，说明该专利技术越先进，专利的使用寿命越长，专利的获利能力越强，技术的价格就越高"。❶ 但是对这些指标的考察仅停留在主观判断的层面上，而且判断的结果也是定性的，无法在相关计算公式中以某种算法参与到计算中。

如果将科技成果标准化评价结果中的指标融入里面就可以解决这个问题。上面提到的实用性和先进性可以通过标准化评价中的先进度来反映，垄断性可以通过创新度来反映，成熟度可以用相对定量的形式来反映。这样可以影响分成率的因素就由定性变为相对定量，而相对定量的结果可以在公式中应用。可以确定分成率是成熟度、创新度和先进度的函数，可以由下式表示：

$$分成率=f（成熟度，创新度，先进度）\tag{3}$$

要通过该函数建立一个明确的分成率计算公式，需要科技成果标准化评价体系在较大范围内应用的基础上，根据大量经过标准化评价且交易成功案例所体现的数据，进行回归分析，即可得出具体计算公式。这将是未来的研究内容。

该函数使得市场法在技术类无形资产评估中的应用成为可能。前文提到市场法不能用的原因是由于国内目前还不具备使用市场法必需的前提条件，即有一个充分发育的、活跃的专有技术市场，有足够的与被评估专有技术进行比较的参照物。市场法看似简单明了，其实应用条件是苛刻的，主要是可比性和交易信息的可利用性问题。随着我国技术交易市场的不断发展，可用的信息越来越多。同时，科技成果标准化评价指标一个很重要的特点就是横向可比，如果将所有技术交易的信息经过评价后进行统计，那么在对新技术进行评估时，可用于对比的技术就比较多了。市场法这种最简单且容易理解的评估方法可以在技术类无形资产评估中应用，而且随着技术市场和科技成果标准化评价的不断发展，其评估的准确性也将不断提高。

---

❶　余恕连．无形资产评估［M］．北京：对外经济贸易大学出版社，2003：160.

第七章 科技成果标准化评价应用案例

7.1 科技成果评奖类评价案例

7.1.1 刺参几种新型养殖模式创建与产业化示范

7.1.1.1 案例基本信息

科技成果名称：刺参几种新型养殖模式创建与产业化示范

第一完成单位：中国水产科学研究院黄海水产研究所

第一完成人：王印庚研究员

评价目的：成果评奖

评价机构：青岛智慧农大技术服务有限公司

评价报告应用的效果：获得中国产学研合作创新成果奖二等奖，获得中国水产科学研究院科技进步一等奖，全国农牧渔业丰收奖农业技术推广合作奖

7.1.1.2 成果完成单位简介

中国水产科学研究院黄海水产研究所系农业部所属综合性海洋水产研究机构，前身为"农林部中央水产实验所"。建所近70年，先后完成1300余项国家和省部级研究课题，取得300多项国家和省部级重大科研成果，获得省部级以上奖励200余项；其中，国家级奖励43项，第一完成单位国家科技进步一等奖2项、二等奖5项、国家发明二等奖3项、国家自然科学三等奖1项等。近十几年来，及时调整学科，广揽人才，开展了许多创新性的研究，为我国海洋渔业科学事业的发展做出突出贡献。内设10个研究室、3个实验基地，拥有海洋渔业资源科学调查船"北斗"号、近岸渔业资源与环境调查船"黄海星"号。编辑出版学术刊物《渔业科学进展》。

7.1.1.3　科技成果概述

该成果主要在刺参养殖领域应用。通过对池塘工程化养殖模式、浮筏吊笼养殖模式和浅海网箱养殖模式的构建、适应海域、技术工艺、新型饵料和病害防控药物等实用产品、配套设施及选育平台以及水产疾病远程会诊平台等的研发与推广，提高了刺参在池塘养殖、浮筏吊笼养殖和浅海网箱养殖中的成活率、增重率及产量，解决了刺参养殖过程中养殖模式单一、工程化设施设备缺乏、技术工艺落后、技术与产品集成程度不高、养殖可控性低、健康养殖实用化技术产品和平台缺乏等难题。

7.1.1.4　评价结果及评价报告的应用

通过建立工作分解结构，对该科技成果进行了细分化评价。评价结果如下。

通过评价确认了该技术各个工作分解元素的交付物类型。最终交付物类型为工艺，其核心部分为池塘工程化养殖模式、浮筏吊笼养殖模式和浅海网箱养殖模式的构建与产业化推广，这3项研究和推广工作所涉及的各项工作分解元素均已顺利完成，达到了在实际环境中应用的水平。同时，根据应用证明等证明材料确定该成果实现直接经济效益3.7088亿元。确定该成果的成熟度为13级。

根据该成果的创新点进行科技查新和相关检索，在国内外所有领域中，未见与该成果关键工作分解元素的创新点相同的文献报道。确定该成果的创新度为4级。

通过将该成果的核心技术指标与国内外代表性技术的相同指标做对比，确定该成果的相关指标值高于国内外其他参照物的指标值。根据评价标准和咨询专家的意见，确定该成果的先进度为7级。

根据评价标准和咨询专家的意见，该成果成熟度为13级，创新度为4级，先进度为7级，实现直接经济效益3.7088亿元。确定该成果整体水平达到国际领先水平。

该成果参加了2015年中国产学研合作创新成果奖和中国水产科学研究院科技进步奖以及2016年全国农牧渔业丰收奖的评选。获得中国产学研合作创新成果奖二等奖、中国水产科学研究院科技进步一等奖和全国农牧渔业丰收奖农业技术推广合作奖。

7.1.2 扇贝分子育种技术创建与新品种培育

7.1.2.1 案例基本信息

科技成果名称：扇贝分子育种技术创建与新品种培育

第一完成单位：中国海洋大学

第一完成人：包振民

评价机构：青岛中天智诚科技服务平台有限公司

评价目的：成果管理

评价报告应用的效果：获得2016年山东省技术发明一等奖

7.1.2.2 成果完成单位简介

中国海洋大学是一所以海洋和水产学科为特色，包括理学、工学、农学、医（药）学、经济学、管理学、文学、法学、教育学、历史学、艺术学等学科门类较为齐全的教育部直属重点综合性大学，是国家"985工程"和"211工程"重点建设高校之一，是国务院学位委员会首批批准的具有博士、硕士、学士学位授予权的单位。

7.1.2.3 科技成果概述

"扇贝分子育种技术创建与新品种培育"成果属于生物与新医药技术领域，主要应用于扇贝养殖业。

该成果针对目前缺乏水生生物的低成本高通量全基因组标记分型技术以及相应的全基因组选择育种技术算法和平台现状，经过系统的理论探索和试验研究，开发了拥有自主知识产权的扇贝分子育种技术，极大提高了育种的准确性和效率。主要研究内容如下：

（1）该成果发明了可产生等长标签的简化基因组分型技术2b-RAD；研发了无参考基因组分型新算法（iML和Domcalling）及软件，提升了基因组分型的准确率及标记利用率；发明了高通量液相杂交分型技术MultiSNP和HD-Marker，实现了多种标记同步的高通量分型；创建了全基因组甲基化精确定量的MethylRAD新技术。

（2）该成果构建了精度为0.26cM的扇贝遗传图谱，定位了重要经济性状

QTL 55 个，鉴定了重要性状基因 32 个；揭示了扇贝应对高温胁迫的级联网络调控机制；应用创建的分子标记辅助育种技术，育成首个品质性状改良的扇贝新品种"海大金贝"；创建 GWAS 与 GS 模型有机融合的技术途径，解决了 SNP 数据降维和精准度冲突的国际性难题；率先开发出贝类全基因组选择育种评估系统和全基因组选择技术，培育出栉孔扇贝"蓬莱红 2 号"和虾夷扇贝"獐子岛红"两个新品种。

（3）该成果开发了贝类表型自动测量记录系统，建立了基于心跳频率的扇贝耐温性状精确测定技术，研发了激光诱导击穿光谱与拉曼光谱的贝壳组分快速分析技术，实现了对扇贝性状与环境要素的高通量快速测定；构建了扇贝种质库、分子育种信息库、标签库和探针库，开发了具有海量信息的基因型—表型育种数据库。

7.1.2.4　评价结果及评价报告的应用

该成果技术成熟度为 13 级，技术创新度为 4 级，技术先进度为 7 级，建议该成果整体水平达到国际领先水平。

该项目成果评价报告用于申报 2016 年度山东省科学技术奖励，并获得山东省技术发明一等奖。

7.1.3　固相微萃取探针及固相微萃取搅拌棒产业化项目

7.1.3.1　案例基本信息

科技成果名称：固相微萃取探针及固相微萃取搅拌棒产业化项目

第一完成单位：青岛贞正分析仪器有限公司

第一完成人：靳钊

评价机构：青岛中天智诚科技服务平台有限公司

评价目的：成果管理

评价报告应用的效果：2016 年青岛市科技进步一等奖（科技创业）

7.1.3.2　成果完成单位简介

青岛贞正分析仪器有限公司成立于 2013 年 7 月，是一家专注于固相微萃取技术研发、生产及应用推广的专业型高新技术企业。依托多年的技术积累，公司已建设完成固相微萃取耗材、固相微萃取检测服务、固相微萃取数据库检索以及固相微萃取自动化仪器 4 大方面的产品及服务体系，为食品安全、环境检测、医疗卫生、刑事侦查、生物科学等领域的微量物质检测提供新型、有效的检测技术。

7.1.3.3 科技成果概述

"固相微萃取探针及固相微萃取搅拌棒产业化项目"成果属于新材料/高分子材料的新型加工和应用技术领域，主要应用于食品安全、医疗卫生、环境监测等行业。

该成果针对市场需求及行业垄断现状，从结构设计、制造工艺等几个方面进行优化，提升固相微萃取产品性能品质，开发了固相微萃取探针及固相微萃取搅拌棒两大系列的固相微萃取产品。

该成果实现了固相微萃取产品的产业化，促进了固相微萃取技术在国民生活中的推广应用，有效解决了水系污染物实时监测、超微量食品有害物质快速检测等问题，具有良好的经济效益和社会效益。

7.1.3.4 评价结果及评价报告的应用

该成果技术成熟度为 13 级，技术创新度为 4 级，技术先进度为 7 级，建议该成果整体水平达到国际领先水平。

该项目成果评价报告用于申报青岛市科学技术奖励，并获得青岛市科技进步一等奖（科技创业）。青岛贞正分析仪器有限公司为初创企业，自主研发的固相微萃取产品打破了国外行业垄断，但存在企业规模小、知名度低的问题。通过本次成果评价及获奖经历，提高了青岛贞正分析仪器有限公司的知名度，充分体现了研发成果的价值，同时也是对成果应用方的质量保障，促进固相微萃取产品的市场推广，对企业的发展起到了导向作用。

7.1.4 夏玉米全程生产机械化关键技术研究与应用

7.1.4.1 案例基本信息

科技成果名称：夏玉米全程生产机械化关键技术研究与应用

第一完成单位：青岛农业大学

第一完成人：刘树堂

评价目的：成果评奖

评价机构：青岛智慧农大技术服务有限公司

评价报告应用的效果：获得青岛市科学技术进步奖二等奖

7.1.4.2　成果完成单位简介

青岛农业大学是一所农、工、理、经、管、法、文、艺等学科协调发展的多科性大学。青岛农业大学资源与环境学院科研力量雄厚，在农业资源学领域颇具影响。近三年，资环学院共承担各类课题 141 项，其中国家级 28 项，省部级 16 项，争取各类科研经费共计 2769 万元；三年来，学院共发表各类学术论文 237 篇，其中 SCI 收录 60 篇，EI 收录 26 篇，一级学报 47 篇；获得各类专利授权 55 项，其中发明专利 26 项；获得省部级奖励 6 项。

7.1.4.3　科技成果概述

该成果是由青岛农业大学、山东理工大学、山东省农业科学院玉米所、山东农业大学 4 个单位共同完成的。成果来源于"山东省现代农业技术体系玉米创新团队"项目，同时，还得到了国家科技部"十二五"农村领域国家科技计划、山东省良种工程项目、山东省农业重大应用技术创新课题、山东省科技发展计划项目的支持。该成果进行了适宜生产机械化的夏玉米新品种的筛选和培育，得到了夏玉米新品种"青农 11 号"，开展了山东省夏玉米推广品种的多抗丰产性及机械化生产适宜性的综合评价筛选；研究确定了一年两熟制度下小麦、玉米生产契合的机械化种植方式及对应的农技农艺标准，制订了统一的种植模式和规格、轮耕制度，并形成了山东省地方标准，完成了玉米专用缓释肥的优化及膜材料的筛选，形成了较完善的工艺流程，实现缓控释肥肥料的连续化生产；探讨玉米机械化生产新轮耕制度下研究新发病虫害的发生规律，建立新型耕作制度下玉米病虫害预测预报与综合防控技术体系；同时对现有的玉米生产装备进行选型、合理配置和对关键生产装备进行技术攻关，研制出与玉米全程机械化生产相匹配的农机具。创新性地集成了夏玉米全程机械化生产技术，并选取典型区域进行试验示范，进行大面积推广。

7.1.4.4　评价结果及评价报告的应用

通过建立工作分解结构，对该科技成果进行了细分化评价。评价结果如下：

（1）该成果所涉及的关键 WBE 为"青农 11 号"的选育、生产机械化下的种植耕作制度、专用缓释肥的研制以及配套的机械化生产设备的改进和研制，现均已取得相应的成果，并已在青岛、菏泽、德州、淄博、聊城等地示范推广，实现间接经济效益 39.3 亿元，确定该成果成熟度为 13 级。

（2）根据该成果的创新点进行科技查新、文献及专利分析，在国内外所有领域中，未见与该成果关键工作分解单元的创新点相同的文献报道。确定该成果的创新度为 4 级。

（3）通过将该成果的核心技术指标与国内外代表性技术的相同指标做对比，确定该成果的相关指标值高于国内外其他参照物的指标值。根据评价标准和咨询专家的意见，确定该成果的先进度为 6 级，整体水平达到国际先进水平。

该成果参加了 2016 年度青岛市科学技术奖的评选，获得了科学技术进步奖二等奖。

7.1.5 基于双程镜像均流构架换热的集成型大冷量全变频多联式中央空调

7.1.5.1 案例基本信息

科技成果名称：基于双程镜像均流构架换热的集成型大冷量全变频多联式中央空调

第一完成单位：青岛海信日立空调系统有限公司

第一完成人：丛辉

评价机构：青岛中天智诚科技服务平台有限公司

评价目的：成果管理

评价报告应用的效果：获得 2016 年度青岛市科技进步三等奖

7.1.5.2 成果完成单位简介

青岛海信日立空调系统有限公司成立于 2003 年 1 月 8 日，是由海信集团与日立空调共同投资在青岛建立的商用空调技术开发、产品制造、市场销售和用户服务为一体的大型合资企业，也是目前日立空调在日本本土以外的规模最大的变频多联式空调系统生产基地。海信日立公司目前主打产品为 SET-FREE 变频多联式商用空调系统和 SET-FREEmini 变频家用中央空调系统，以科技推动产品创新，关注每一个用户的每一个需求。

7.1.5.3　科技成果概述

"基于双程镜像均流构架换热的集成型大冷量全变频多联式中央空调"属于制冷工程技术领域，主要应用于空调制造业。

该成果基于模块化与集成化设计思想，采用双通道镜像对称均流构架的多流程强化换热技术、双通道换热器冷媒流量分配比例自均衡快速除霜控制技术、高强度整体框架连梁结构设计技术、VIP 权限优先控制技术以及高速喷射高效油气分离技术等先进技术，改进箱体结构、风机流道与风场梯度分布、电气软硬件设计，优化机组换热器和制冷系统，完成全新一代集成型大冷量全直流变频多联机系列产品开发。

该成果最大可实现 4×22HP 的超大容量 4 模块组合，解决了在有限尺寸的机组空间内进行换热器增大化设计的难题，实现了大冷量多联式中央空调的紧凑型、集成化设计及全年性能系数 APF 等关键指标优化，具有显著的经济效益和社会效益。

7.1.5.4　评价结果及评价报告的应用

该成果技术成熟度为 12 级，技术创新度为 4 级，技术先进度为 7 级，建议该成果整体水平达到国际领先水平。

该项目成果评价报告用于申报青岛市科学技术奖励及企业内部成果管理，并获得 2016 年度青岛市科技进步三等奖。青岛海信日立空调系统有限公司内部已形成了通过标准化评价进行研发成果管理的机制。通过科技成果标准化评价对企业研发人员和科技投入产出进行绩效管理，有助于企业提高科研管理水平，提高研发投资效益，培养高水平研发人员。

7.2　技术交易类评价案例

7.2.1　深海自平衡沉浮生态养殖网箱

7.2.1.1　案例基本信息

科技成果名称：深海自平衡沉浮生态养殖网箱

第一完成单位：青岛海琛网箱科技有限公司

第一完成人：翟玉明

评价机构：青岛连城创新技术开发服务有限责任公司

评价目的：专利拍卖

评价报告应用的效果：在青岛市第四次科技成果（专利技术）拍卖会上，该成果被青岛海洋优加智能科技有限公司以 200 万元人民币的价格竞拍得到。目前，海洋优加公司正在基于该成果进行《智能生态养殖大数据服务平台》项目一期建设，并已获得 1000 万元融资。

7.2.1.2 成果完成单位简介

青岛海琛网箱科技有限公司成立于 2009 年，位于青岛平度市华侨科技园，是国内唯一一家独立自主研发生产大型深（外）海抗流防风浪养殖网箱的高新技术企业。公司主要从事适合养殖的底栖海产品类的大型外（深）海生态养殖网箱，适合养殖的海洋鱼类大型外（深）海生态养殖网箱的研发、制造、销售、安装、售后及养殖技术咨询服务等全方位经营活动。该公司自主研发的外（深）海大型可沉浮式抗流防风浪多功能生态养殖网箱系列产品已获得国家发明专利 9 项，实用新型专利 20 多项，其中，"深海自平衡沉浮大型生态养殖网箱"项目被国家科技部列为国家级星火计划项目。

7.2.1.3 科技成果概述

"深海自平衡沉浮生态养殖网箱"成果属于现代农业领域，项目来源于创新基金"深海自平衡沉浮生态养殖网箱的研制与推广"项目。该成果综合应用网箱自平衡沉浮技术、骨关节连接技术、笼式内置网衣技术，克服了传统深海养殖网箱的不足，增强了深海环境中养殖网箱的抗风浪、抗海流能力，提高了稳定性、安全性。实际应用中该网箱经受住了超强台风"梅花"的考验，未发生侧翻、破损，网箱内养殖产品受损较轻。

该成果的主要技术指标将网箱抗风浪能力提高到抗 12 级以上超强台风，抗海流能力提高到 1.5m/s，网箱使用寿命在 15 年以上，促进了我国网箱养殖向环境条件优越的深海开放性水域发展，具有良好的应用前景。目前该成果已授权发明专利 6 项，制订企业标准 2 项。

7.2.1.4 评价结果及评价报告的应用

该成果技术成熟度为 10 级，技术创新度为 3 级，技术先进度为 5 级，其中核心关键技术已达到国内领先水平。

在成果评价过程中，连城创新公司评价团队利用其在海水养殖技术领域的独特优势及对前沿研究动态的实时把控，结合海琛网箱公司的实际情况，提出了以下几方面的建议，成果方采纳后在后期的应用中取得了良好的应用效果。

（1）提出在养殖方面形成养殖生态链的社群模式。海琛网箱公司吸纳了连城创新公司的建议，不断改进配套养殖网箱，针对北方海域特点研发并验证了深海网箱中海胆、海参混养模式。为了给海胆、海参营造一个安全、舒适的生长环境，第二代网箱中设计了海参、海胆立体式附着基，并采用高强度塑料底板作为网箱的箱底结构，充分保证了养殖安全。目前，第二代"深海立体式生态养殖网箱"处于批量生产阶段。

（2）根据当下大数据产业发展的趋势以及目前在水产养殖等方面大数据的需求、海岛旅游需求的深度挖掘及引导等，连城创新提出可通过在网箱上或者网箱周边搭载多种传感器或视频采集器的方式，长期采集相关数据及拍摄海底画面。为使此项大数据业务更好地推进，连城创新公司负责人与相关人员共同成立了青岛海洋优加智能科技有限公司（以下简称海洋优加公司），并通过拍卖方式获得海琛网箱专利的独家使用许可，由此拉开了与海琛网箱公司深度合作的序幕。目前海洋优加公司的智能生态养殖数据平台获得了青岛市市南区的立项支持，平台首期已开发完成，待首批网箱投放后搭载传感器开始采集数据。

（3）根据项目进展情况，考虑到海琛研发及量产形成的资金压力，连城为海琛网箱公司接洽了青岛海洋成果转化基金。在完成了尽职调查、评价及网上挂牌后，2016年年底，青岛海洋成果转化基金已投资海琛网箱公司300万元，其他风险投资公司投资700万元，累积融资1000万元。

7.2.2　iguan watch-腕语智能手表

7.2.2.1　案例基本信息

科技成果名称：iguan watch-腕语智能手表

第一完成单位：青岛冠义科技有限公司

评价机构：青岛海大新星计算机工程中心

评价目的：技术交易和科技成果管理

评价报告应用的效果：通过科技成果评价对项目的整体研发方向和进度进行了监管和改进；对成果的应用场景进行了调整；促成了科技融资300万元。

7.2.2.2 成果完成单位简介

青岛冠义科技有限公司成立于2014年，是一支以博士、硕士研究生为技术骨干的创业团队，是一家专注于智能科技产品及教育、智慧旅游、养老健康行业的研发与应用的高科技企业。冠义科技结合具体场景和行业应用，推出了腕语-外语通电话手表、海外游学手表、智能旅游手表等系列3G智能手表等。公司自成立以来就一直受限于研发能力和资金不足，无法快速发展壮大，急需相关技术支持和创业投融资企业介入。

7.2.2.3 科技成果概述

该成果在信息技术领域，利用大数据存储技术、动作行为分析算法及异构系统的数据融合处理技术，能判断飞行状态，自动打开与关闭GSM通信模块；基于后台健康大数据分析策略，能有效预测健康趋势；利用完整的危机救助闭环体系，赢得救助时间；内置目的国通信卡，内置13种世界主流语言实时语音翻译软件，方便与当地人进行语言交流；实时精准定位解决境外找人的痛点；同时，基于定位及轨迹数据，可以协同旅游服务企业对游客进行导服、交通景点推送等各种服务。

该成果已实现量产，并获得初步经济效益。该项目未来将主要通过两种方式实现销售收入：一种是将智能手表租售给旅行社，每天收取一定数额的租金；另一种是游客佩戴智能手表体验良好，通过导游进行购买。在形成一定的市场占有率之后，面向其他用户进行推广。

7.2.2.4 评价结果及评价报告的应用

该成果的技术成熟度为7级，技术创新度为2级，技术先进度为4级，整体水平达到国内先进水平。

通过先进度评价，对比行业领先技术，提供全程技术解决方案。针对冠义的技术需求，海大新星组织优势技术力量，为其解决了可穿戴产品急需突破的跌摔倒检测算法、佩戴者行为分析算法等技术难题。建议冠义采用大数据挖掘分析技术，对情境数据进行实时采集、海量数据存储与处理、实时情境感知，能够识别老年人当前场景，分析未来可行场景，进而实现主动提供服务。通过评价，建议冠义科技公司针对旅游市场的繁荣特别是出境游的火爆，修改产品，增加更多功能，以满足更广泛的需求。

通过成熟度评价、经济效益评价，海大新星为企业规划长期投融资解决方案。帮助冠义科技公司深入挖掘其专利价值，通过多种渠道，包括蓝海网挂牌、创新创业大赛、参与基金路演、协助培训市场业务人员等，推广企业形象及技术优势。全程参与企业融资过程，在流程、财务、人员、制度等多方面提出规范化管理建议。经过多方努力，在 2016 年年初，冠义科技公司获得北京一家科技投资公司的青睐，完成了首轮 300 万元的科技融资。

在评价过程中，海大新星积极探索设计电子信息领域评价指标体系，并首次引入了规范性这一评价指标。规范性指标是指成果开发中的过程知识留档评估，包括概要设计报告、详细设计报告、编码实现报告、组装测试报告、产品测试报告和维护与使用手册。规范了冠义在项目研发过程中的规范性和严谨性，做到了全程留痕、知识沉淀。

7.2.3 宠物与毛皮动物重要传染病防控关键技术

7.2.3.1 案例基本信息

科技成果名称：宠物与毛皮动物重要传染病防控关键技术

第一完成单位：青岛农业大学

第一完成人：单虎

评价机构：青岛中天智诚科技服务平台有限公司

评价目的：技术交易

评价报告应用的效果：中天智诚为该成果在蓝海网进行挂牌，并推荐至青岛市第四次科技成果拍卖会，在拍卖会上成功拍卖，最终成交额 700 万元。

7.2.3.2 成果完成单位简介

青岛农业大学是一所农、工、理、经、管、法、文、艺等学科协调发展的多科性大学。青岛农业大学动物科技学院紧紧围绕国家和地方畜牧业发展战略和人才需求，积极开展人才培养、科学研究和社会服务工作，以培养畜牧业应用型人才为目标，以学科建设为引领，注重协同创新，在动物科学、动物医学、草业科学等领域形成了特色和优势。学院荣获国家级科技奖励 2 项，省部级科技奖励一等奖 6 项。"十二五"期间，学院教师积极申报国家、省和地方科研项目，获得立项 218 项，科研经费 9800 余万元，获得国家级科技进步二等奖 1 项，省部级科技奖励 4 项，发表论文 836 篇，其中 SCI 和一级学报 300 余篇，主编和参编专著教材 50 余部，获得国家发明专利 30 余项。

7.2.3.3 科技成果概述

该成果通过掌握传染病流行病学规律，开发快速特异的诊断技术、标准化的诊断试剂和安全高效的疫苗，掌握防治宠物和毛皮动物重要传染病的关键技术，研制宠物与毛皮动物重要传染病防控用疫苗、治疗性抗体和诊断试剂。

7.2.3.4 评价结果及评价报告的应用

该成果技术成熟度为 7 级，技术创新度为 2 级，技术先进度为 5 级，建议该成果整体水平达到国内领先水平。

该成果评价后在蓝海技术交易网进行挂牌，并由中天智诚推荐至青岛市第四次科技成果拍卖会，在拍卖会上成功拍卖，最终成交额 700 万元。标准化评价报告有助于技术买卖双方深入了解技术价值，从而对于拍卖时起拍价的确定和最终成交价的确定具有重要的指导作用。

7.2.4 海洋抗肿瘤药物 BG136 系统临床研究项目

7.2.4.1 案例基本信息

科技成果名称：海洋抗肿瘤药物 BG136 系统临床研究

第一完成单位：青岛海洋生物医药研究院股份有限公司

第一完成人：于广利教授

评价目的：引进科技风险投资基金

评价机构：青岛易友合创管理咨询有限公司

评价报告应用的效果：海洋抗肿瘤药物 BG136 项目成功完成了前期研发

环节，为研究院本年度申报临床批件奠定了坚实的基础。生物医药研究院提出 310 开发计划，启动青岛市蓝色药库产业基金的组建工作，政府出资 2 亿元作为引导资金，撬动 18 亿元社会资本注入。

7.2.4.2　成果完成单位简介

青岛海洋生物医药研究院是国家海洋技术转移中心海洋生物医药分中心，于 2013 年组建，研究院以中国海洋大学为基础，与青岛市科技局、崂山区共建成立了研究院事业法人实体。在此基础上建成了 6 大产品研发中心和 4 大公共服务中心，并配备国际先进、国内一流的总值近亿元的高端仪器设备；组建了以管华诗、欧阳平凯和丁健 3 位院士领衔的 150 余人的研发团队；研究院立足海洋大健康，创造性地提出了"青岛海洋药物聚集（310）开发计划"，目前已有 4 个海洋生物一类创新药和 5 个二类改良药在研，4 个系列的引领性海洋生物功能制品进入产业化；在国际合作方面，研究院与美国 Scripps 海洋研究所、克利夫兰医学中心、Iowa 大学、Michigan 大学、Minnesoda 大学、Kentucky 大学、Georgia 州立大学、Cincinnati 大学、Kansas 大学、Roswell Park 癌症研究所、加州大学 Scripps 海洋研究所、英国帝国理工大学、瑞典 Upsalla 大学、德国 Duesseldorf 大学、法国 Brest 大学、丹麦 Roskilde 大学等国际大学和研究机构，建立了长期合作关系。研究院服务海洋生物企业 49 家，技术服务项目达 116 个。初步搭建起青岛海洋生物医药国际创新中心和国际技术转移中心。

7.2.4.3　科技成果概述

该成果在抑制肿瘤生长、防治肿瘤转移方面具有显著效果。近年来，肿瘤的免疫疗法作为一种从"战争到和平"的新治疗模式备受社会关注，本项研究将来源于海洋深处的植物应用于肿瘤的免疫治疗，在国际上具有明显的创新性和先进性，经过一系列提取分离、分级纯化得到一种可通过增强机体免疫力，发挥抗肿瘤活性的糖类化合物，经过初步的药效和药理学实验证明，BG136 可以通过激活机体免疫系统发挥抗肿瘤作用，并在降低放疗、化疗的副作用、提高其对肿瘤的治疗效果等方面有明显的改善作用，本项目研究解决了原料来源困难、工艺制备复杂、产物"三废"污染以及难以产业化等多个难题，且经过比较，该项目成果效果明显优于市场上目前常用的同类药物。

7.2.4.4　评价结果及评价报告的应用

通过建立工作分解结构，对该科技成果进行了细分化评价。该项目目前在实验室环境下完成了小试提取工艺研究、5 个批次的中试放大实验，建立了制备高纯度 BG136 的工艺条件，并同步获得了纯度极高的样品，以上研究所涉及的各项工作分解元素均已经顺利完成，达到了在 GMP 车间中试生产的条件，成熟度达到 5 级。综合知识产权分析与文献分析情况，该成果核心技术创新程度在国内相关领域中没有检索到其他相同内容，创新度达到 2 级。通过将该成果的核心技术指标与国内外代表性技术的相同指标做对比，确定该成果的相关指标值明显优于国内外其他参照物的指标值，整体先进度为 7 级。

该项目是研究院首批进入临床批件申请的项目之一，一旦获得国家新药批准，保守估计将在国内实现上亿元年销售额的经济效益，在社会效益方面不仅将造福广大的癌症患者，改善人民的生活及健康水平，而且将促进我国海洋生物医药产业的快速健康发展。同时，青岛海洋技术转移分中心提出 310 开发计划，启动青岛市蓝色药库产业基金的组建工作，政府出资 2 亿元作为引导资金，撬动 18 亿元社会资本注入。

第八章 评价检索常用数据库简介

虽然有第三方的查新报告等作为支撑材料，但是科技评估师要想做出一份令人信服、有参考价值的评价报告，必须具备合理利用好各种科技数据库进行科技信息基本检索的能力。在科技成果标准化评价的多个环节中都要涉及论文和专利数据库的检索，在此仅对部分覆盖面较广、综合性较强的数据库做简单介绍，以方便科技评估师快速了解常见数据库的特点，根据评价工作需要选择合适的数据库。科技数据库的种类非常多，远不止所列这些，需要科技评估师在实践中不断学习，加深对各种数据库的了解和认识，并合理利用。由于篇幅有限，对于各数据库的具体检索方法在此没有展开。每个数据库的一般检索都非常简单，但是要想更加准确、快速地挖掘和分析有效信息，还需要借助专门的教程对常用数据库的检索方法进行认真学习。

8.1 常见科技论文数据库简介

8.1.1 Science Citation Index（SCI）

Science Citation Index（SCI），中文名：科学引文索引，是由美国科学信息研究所（ISI）于 1961 年创办出版的引文数据库，其覆盖生命科学、临床医学、物理化学、农业、生物、兽医学、工程技术等方面的综合性检索刊物，尤其能反映自然科学研究的学术水平，是目前国际上 3 大检索系统中最著名的一个，也是我国高校和科研机构认可度最高的检索类别。

ISI 每年还出版 Journal Citation Reports（JCR，《期刊引用报告》）。JCR 是对包括 SCI 收录的 3500 种期刊在内的 4700 种期刊的论文数量、参考文献数量、论文被引次数进行统计，计算出各种期刊的影响因子、影响指数、被引半衰期等反应期刊质量的定量指标，从而对期刊进行重要性分析与评价的综

合报告。❶

期刊的影响因子，指的是该刊前两年发表的文献在当前年的平均被引用次数。一种刊物的影响因子越高，即其刊载的文献被引用率越高，一方面说明这些文献报道的研究成果影响力大，另一方面也反映该刊物的学术水平高。因此，JCR 以其大量的期刊统计数据及计算的影响因子等指数，而成为一种期刊评价工具。

检索网址：http：//isiknowledge.com，其检索界面如图 8-1 所示。该检索系统需要购买登录权限后才能访问。

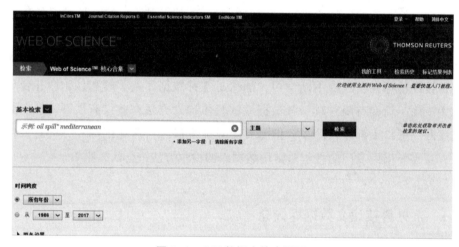

图 8-1　SCI 数据库检索界面

8. 1. 2　Engineering Index（EI）

Engineering Index（EI），中文名：工程索引，是由美国工程师学会联合会于 1884 年创办的、历史最悠久的一部大型综合性文摘检索工具。EI 是世界工程技术领域内最全面、最权威的检索工具之一，在全球的学术界、工程界中享有盛誉。

EI Compendex 数据库是目前全球最全面的工程检索二次文献数据库，包含选自 5000 多种工程类期刊、会议论文集和技术报告的超过 700 万篇论文的

❶　陈琼，朱传方，辜清华. 化学化工文献检索与应用 ［M］. 北京：化学工业出版社，2014：67-85.

参考文献和摘要，内容包括全部工程学科和工程活动领域的研究成果，原始文献来自 40 余个国家，涉及的语言多达 39 种。每期附有主题索引与作者索引；每年还另外出版年卷本和年度索引，年度索引还增加了作者单位索引。网上可以检索到 1970 年至今的文献，数据库每年增加选自超过 175 个学科和工程专业的大约 25 万条新记录，数据库每周更新数据，以确保用户可以跟踪其所在领域的最新进展。❶ EI 收录论文可以分为期刊类和会议类。

检索网址：http：//www. engineeringvillage. com/，其检索界面如图 8-2 所示。该检索系统需要购买登录权限后才能访问。

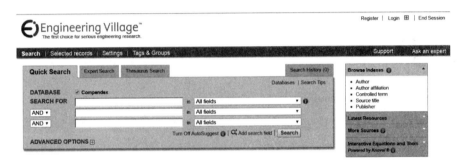

图 8-2　EI 数据库检索界面

8. 1. 3　Conference Proceedings Citation Index（CPCI）

Conference Proceedings Citation Index（CPCI），中文名：科技会议录索引，是一种综合性的科技会议文献摘要检索数据库。其原来的名称为 Index to Scientific & Technical Proceedings（ISTP）。该检索工具收录包括自然科学、技术科学以及历史与哲学等，覆盖的学科范围广，收录会议文献齐全，而且检索途径多，出版速度快，已成为检索全世界正式出版会议文献的主要工具。由于近几年组织了过多国际会议，导致国际会议论文的水平有所下降，CPCI 的整体水平也受到较大影响。

该数据库与 SCI 数据库同在 Web of Science 检索平台上，检索界面同图8-1，检索权限同 SCI 数据库。

---

❶ 王良超，高丽. 文献检索与利用教程［M］. 北京：化学工业出版社，2014：112-118.

8.1.4 Science Direct OnLine（SDOL）

Science Direct 是 Elsevier 公司的核心产品，是全学科的全文数据库，可以下载论文全文，这一点与前面介绍的三个数据库都不一样。该数据库集世界领先的经同行评审的科技和医学信息之大成，得到 130 多个国家的认可，中国高校每月下载量高达 250 万篇。包括 2200 多种同行评审的期刊、24 个学科领域 800 多万篇全文，这些全文包括在编文章、常用参考书、系列丛书、手册等，回溯文档最早至 1823 年；涵盖物理、化学与经济学领域 80% 诺贝尔奖成果。

检索网址：http：//www. sciencedirect. com/，其检索界面如图 8-3 所示。该检索系统可以免费检索论文摘要等基本信息，但下载全文需要购买权限。

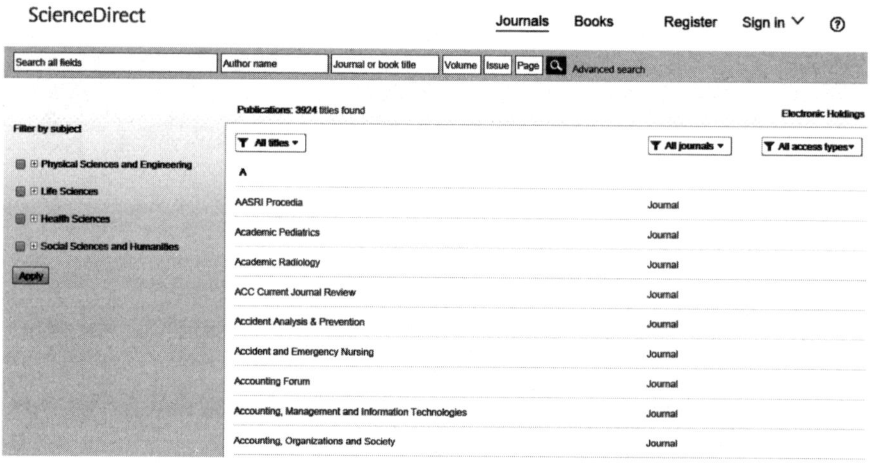

图 8-3 Science Direct OnLine 检索界面

8.1.5 中国科学引文数据库（CSCD）

中国科学引文数据库（Chinese Science Citation Database，CSCD）创建于 1989 年，收录了我国数学、物理、化学、天文学、地学、生物学、农林科学、医药卫生、工程技术和环境科学等领域出版的中英文科技核心期刊和优秀期刊千余种。目前已积累从 1989 年到现在的论文记录几百万条，引文记录几千万条。中国科学引文数据库内容丰富、结构科学、数据准确。系统除具备一般的检索功能外，还提供新型的索引关系——引文索引，使用该功能，用户可迅速从数百万条引文中查询到某篇科技文献被引用的详细情况，还可以从一篇早期的重要文献或著者姓名入手，检索到一批近期发表的相关文献，对交叉学科和新学科的发展研究具有十分重要的参考价值。中国科学引文数据库还提供数据链接机制，支持用户获取全文。

　　检索网址：http：//sciencechina. cn/，该检索系统也可以通过 Web of Science 检索平台进行检索，其检索界面如图 8-4 所示，与图 8-1 不同之处在于所选的数据库有区别。该数据库需要购买登录权限后才能访问。

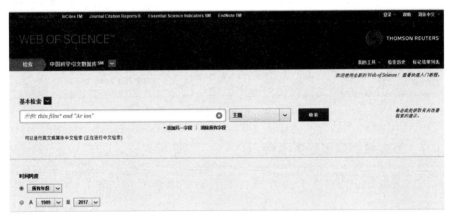

图 8-4　CSCD 检索界面

8.1.6　中国知网（CNKI）

　　中国知网，是国家知识基础设施（National Knowledge Infrastructure，NKI）的概念，由世界银行于 1998 年提出。CNKI 工程是以实现全社会知识资源传播共享与增值利用为目标的信息化建设项目，由清华大学、清华同方发起，始建于 1999 年 6 月。通过与期刊界、出版界及各内容提供商达成合作，中国知网已经发展成为集期刊、博士论文、硕士论文、会议论文、报纸、工具书、年鉴、专利、标准、国学、海外文献资源为一体的、具有国际领先水平的网络出版平台。基于海量的内容资源的增值服务平台，任何人、任何机构都可以在中国知网建立自己个人数字图书馆，定制自己需要的内容。越来越多的读者将中国知网作为日常工作和学习的平台。

　　检索网址：http：//www. cnki. net/，其检索界面如图 8-5 所示。该数据库需要购买登录权限后才能访问。

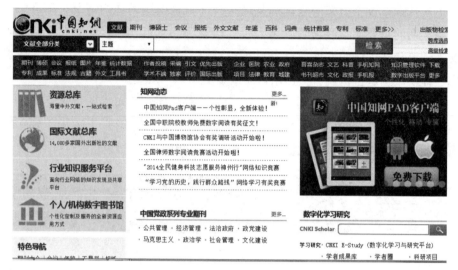

图 8-5 中国知网检索界面

8.1.7 万方数据知识服务平台

万方数据知识服务平台是在原万方数据资源系统的基础上，经过不断改进、创新而成的，集高品质信息资源、先进检索算法技术、多元化增值服务、人性化设计等特色于一身，是国内一流的品质信息资源出版、增值服务平台。平台包括中外学术期刊论文、学位论文、中外学术会议论文、标准、专利、科技成果、特种图书等各类信息资源，资源种类全、品质高、更新快，具有广泛的应用价值。提供检索、多维知识浏览等多种人性化的信息揭示方式及知识脉络、查新咨询、论文相似性检测、引用通知等多元化增值服务。采用先进的 WFIRC 检索、服务集群技术及高水平的技术团队，保障系统的高速稳定运行。

检索网址：http：//www.wanfangdata.com.cn/，其检索界面如图 8-6 所示。该数据库需要购买登录权限后才能访问。

图 8-6 万方数据知识服务平台检索界面

8.1.8 维普数据库

维普网，原名"维普资讯网"，是重庆维普资讯有限公司建立的网站，该公司是中文期刊数据库建设事业的奠基人。其所依赖的"中文科技期刊数据库"，自推出就受到国内图书情报界的广泛关注和普遍赞誉，是我国网络数字图书馆建设的核心资源之一，广泛被我国高等院校、公共图书馆、科研机构所采用，是高校图书馆文献保障系统的重要组成部分，也是科研工作者进行科技查证和科技查新的必备数据库。迄今为止，维普公司收录有中文报纸 400 种、中文期刊 12000 多种、外文期刊 6000 余种；已标引加工的数据总量达 1500 万篇、3000 万页次。维普数据库已成为我国图书情报、教育机构、科研院所等系统必不可少的基本工具和获取资料的重要来源。

检索网址：http：//www.cqvip.com/，其检索界面如图 8-7 所示。该数据库需要购买登录权限后才能访问。

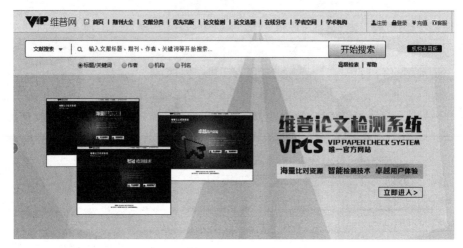

图 8-7　维普数据库检索界面

8.1.9　中文核心期刊（北大核心）

中文核心期刊是指《中文核心期刊要目总览》中所包含的期刊，是由北京大学图书馆及北京十几所高校图书馆众多期刊工作者及相关单位专家参加的研究项目，项目研究成果以印刷型图书形式出版，其中收录了约2000种期刊。此前已由北京大学出版社出版了7版：第一版（1992年版）、第二版（1996年版）、第三版（2000年版）、第四版（2004年版）、第五版（2008年版）、第六版（2011年版）、第七版（2014年版）。虽然该项目研究的主要目的是为图书情报部门期刊采购、典藏、导读等工作提供参考，不是学术评价标准，但是由于入选期刊都是北京大学图书馆联合众多学术界权威专家鉴定，因而受到了学术界的广泛认同，在科技评价中经常被当作一个期刊等级来使用。

检索方式：通过《中文核心期刊要目总览》检索是最权威的方式；也可以通过中国知网查看目标期刊的收录情况；在网上也有中文核心期刊列表可以免费下载，但不权威。

8.1.10　论文数据库检索途径

以上介绍的论文数据库中，大部分都要购买访问权限。高校和科研机构一般都购买一些外文文献数据库的访问权限，在这些单位的 IP 地址范围内都可以免费使用已经购买的数据库资源，有的单位可以通过账号实现异地访问。当本单位数据库访问权限不足时，或对于不在本单位的科研人员，或者本单位没有购买任何数据库访问权限时，可加入一些文献服务机构的会员。

为了让更多人更方便地获取论文信息，我国国家图书馆免费开放 175 个数据库资源，文献类型包括电子图书、论文、期刊、报纸、古籍、音视频等多种，文种包括中文和外文。免费办理了国家图书馆的读者卡后，以上介绍的中文数据库都可以通过国家图书馆免费访问。具体访问数量与权限以中国国家图书馆实际提供为主。

数据库访问权限参见：http：//dportal. nlc. cn：8332/zylb/zylb. htm。

8.2 常见专利检索资源

专利文献的类型分为一次专利文献和二次专利文献。一次专利文献是指各知识产权局、专利局及国际性专利组织出版的各种专利或专利申请说明书。一次专利文献统称为专利说明书，是专利文献的主体。二次专利文献是指各专利组织出版的专利公报、专利文摘出版物和专利索引。❶ 这些信息的检索对于提升科技成果标准化评价的质量具有一定的作用。

根据提供商不同，现有的专利检索资源可分为各国（地区、国际组织）专利局提供的专利数据库和商业机构提供的专利检索系统两大类。各国（地区、国际组织）专利局提供的专利数据库都是免费的，检索分析的功能相对较弱。商业机构提供的专利检索系统能够提供更为强大的检索手段和分析方式，其中有些功能是免费的，但大部分高级功能是收费的。本节主要介绍较为典型的专利文献检索资源，旨在帮助科技评估师快速了解并充分利用各种专利检索资源。

8.2.1 国家知识产权局专利数据库

中国国家知识产权局网站是政府性官方网站，该数据库收录了 1985 年 9

---

❶ 孟俊娥. 专利检索策略及应用［M］. 北京：知识产权出版社，2010：49-64.

月 10 日以来公布的全部中国专利信息，包括发明、实用新型和外观设计 3 种专利的著录项目及摘要，并可浏览各种说明书全文及外观设计图形，可逐页浏览中国专利说明书全文。同时，该数据库还包括了美国、日本、韩国、德国等 103 个国家、地区和组织的专利数据，同时还收录了引文、同族、法律状态等数据信息。

检索网址：http：//www.pss-system.gov.cn/，其检索界面如图 8-8 所示。

图 8-8　国家知识产权局专利数据库检索界面

8.2.2　美国专利商标数据库

该数据库是由美国专利商标局提供的，为用户提供美国授权专利和美国专利申请公布的检索，美国专利分类查询、美国专利权转移查询以及美国专利法律状态查询等多项服务。授权专利数据库提供了 1790 年至今各类美国授权专利，其中 1790 年至 1975 年的数据只有全文图像页，1976 年 1 月以后的数据除了全文图像页以外，还涵盖了可检索的授权专利的基本著录项目、摘要和专利全文数据页，用户可以通过多个检索入口进行检索。❶ 美国专利申请公布数据库中收录了 2001 年 3 月 15 日起申请说明书的文本和图像。此外，该数据库提供的检索方式包括快速检索、高级检索、精简检索、专利号检索。

检索网址：https://www.uspto.gov/，其检索界面如图 8-9 所示。

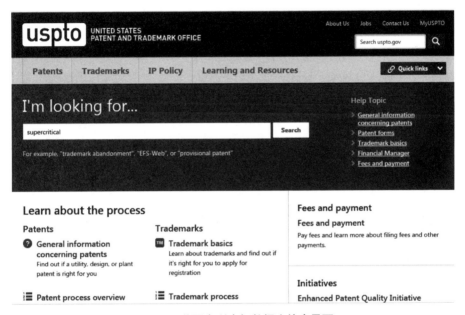

图 8-9　美国专利商标数据库检索界面

8.2.3　欧洲专利数据库

欧洲专利数据库是由欧洲专利局及其成员国共同提供的。欧洲专利局网站提供了 Espacenet 和 Epoline 两种检索系统。前者为满足一般公众的检索需求而设计，后者为专利申请人、代理人和其他用户提供递交申请、接收专利局信件、检索和浏览专利文献、监控审批过程以及网上付费等服务。科技评估师常用到的是 Espacenet 检索系统，在此仅对该系统做简单介绍。

Espacenet 系统包括 EP 数据库、WIPO 数据库和 Worldwide 数据库。EP 数据库仅收录最近 24 个月内 EPO 公开的专利申请的著录项目数据，该数据库只能通过著录项目进行检索，不能通过摘要字段以及 ECLA 字段进行检索。

---

❶　孟俊娥. 专利检索策略及应用［M］. 北京：知识产权出版社，2010：49-64.

WIPO 数据库仅收录最近 24 个月内 WIPO 公布的国际申请的著录项目数据，与 EP 数据库相同只能进行著录项目检索。Worldwide 数据库是 Espacenet 中收录最全的一个数据库，收录了全球 90 多个国家和地区的专利申请公开文献，可以满足大部分检索需求，同时该数据库中还记录了 ECLA 分类和引证文献，可供用户检索。该数据库提供了 3 种检索方法（快速检索、高级检索、专利号检索）以及专利分类号查询。最为重要的是，在该数据库中可以清晰地反映同族专利情况，便于检索人员选择更易理解的语言来阅读专利全文。数据库提供了两种结果显示：HTML 格式和 PDF 格式。

检索网址：https：//worldwide. espacenet. com/，其检索界面如图 8-10 所示。

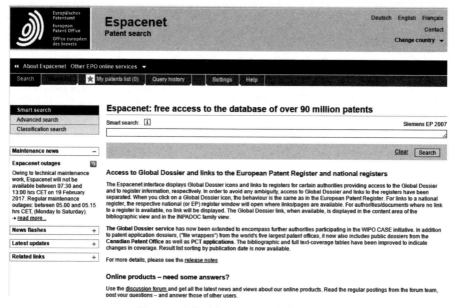

图 8-10　欧洲专利数据库检索界面

8.2.4　世界知识产权组织专利数据库

世界知识产权组织的 PATENTSCOPE 数据库收录了几千万件专利申请。该数据库收录了 1978 年至今的著录项目数据、PCT 国际专利申请中以图像形式公开的申请文件和申请公开的说明书和权利要求书。著录数据每天更新，新申请的专利每周四公开，如果国际局节假日休息，申请案的数据会于星期五公开。通过 PATENTSCOPE 数据库，可以从《专利合作条约》国际申请公布之日起对其进行全文检索，也可以对国家和地区参与专利局的专利文献进行查询。检索信息时，可以用多种文字输入关键字、申请人名称、国际专利分类及许多其他检索条件。该数据库提供专利免费检索和说明书全文免费下载，网站有中文检索界面。

检索网址：https：//patentscope. wipo. int，其中文检索界面如图 8-11 所示。

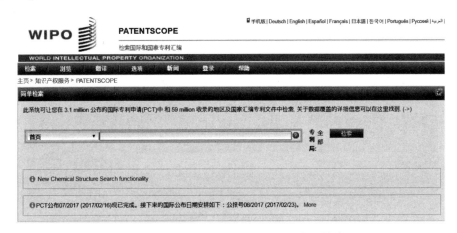

图 8-11 世界知识产权组织专利数据库中文检索界面

8.2.5 专利信息服务平台

专利信息服务平台由知识产权出版社有限责任公司提供。该平台涵盖了来自全球 90 多个国家和组织的近 7000 万件专利文献信息。基于成熟的全文检索引擎技术，引入先进的语义检索概念，自主研发出的智能检索、跨语言检索、相似性检索功能、在线机器翻译技术，使复杂的关键词抽取及检索变得轻松容易。其中，在线机器翻译技术是专利信息服务平台结合专利文献翻译服务的特点研发出来的，将多语言翻译解决方案成功应用至 B/S 构架系统，在保证翻译质量的同时又提高翻译效率。该平台的高附加值特点如下。

（1）采用扩展同族的加工原理实现了同一技术领域专利文献的关联技术，与简单同族的加工方法相比，充实了同族专利内容。

（2）中国专利公司代码数据库，解决了公司之间合并、转让、继承以及国外公司译名混乱等问题。

（3）通过清理关联中国专利引证数据，将引证文献的浏览范围由审查员引证扩展至申请人引证。

（4）专利复审、同族专利以及丰富的语料信息，检索人无须成为专业数据处理专家，耗费大量的时间和精力进行数据清理，提高了关键字段的检索效率和检索精度。

（5）深度整合网络资源，可以检索查看海量国外专利的著录项目和全文文本信息，并链接到欧洲专利局网站浏览其他相关信息。

检索网址：http：//search.cnipr.com/，其检索界面如图8-12所示。该数据库的部分功能是收费的。

图8-12　专利信息服务平台检索界面

8.2.6　专利之星检索系统

专利之星检索系统是由中国专利信息中心开发，在我国第一个专业专利文献检索系统CPRS的基础上，经过改进和优化而成的集专利文献检索、统计分析、定制预警等功能于一体的多功能综合性的专利信息服务系统。该系统收录了全球90多个重要国家和地区的超过8000万条的专利文献及相关信息，是全球专利数据收录最完整的系统之一。

优点：检索界面整齐易懂，对不懂专利的人也有向导提示的作用。检索功能全面精准，数据收录全面完整，更新及时；表格检索与专家检索的结合使用，在查准与查全上，做了完美的结合；同族专利进行了深加工，查询世界同族专利方便全面；著录项目数据采用人工精准翻译。著录项目信息与全文 PDF 批量导出快速便捷。汉英、英汉、日汉机器翻译，可以跨越语言障碍，快速理解外文专利文献。可以自定义专利数据库，统计分析，专利定制服务与数据更新同步，可通过手机、邮件及时提示用户所定制的专利信息。

检索网址：http://www.patentstar.com.cn/，其检索界面如图 8-13 所示。该专利检索系统的部分功能是收费的。

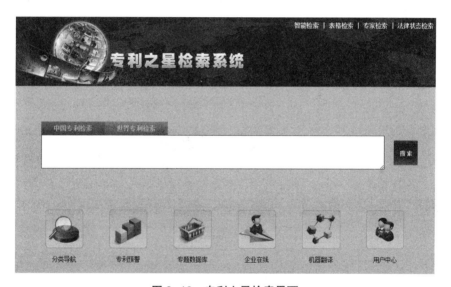

图 8-13　专利之星检索界面

8.2.7　SooPat 专利检索系统

SooPat 致力于做"专利信息获得的便捷化，努力创造最强大、最专业的专利搜索引擎，为用户实现前所未有的专利搜索体验"。SooPat 本身并不提供数据，而是将所有互联网上免费的专利数据库进行链接、整合，并加以人性化的调整，使之更加符合人们的一般检索习惯。它和 Google 进行非常高效的整合，充分利用了人们对于 Google 检索的熟悉程度，从而更便于使用。

除了对专利文献检索外，SooPat 还开发了更为强大的专利分析功能，提供各种类型的专利分析，例如，可以对专利申请人、申请量、专利号分布等进行分析，用专利图表表示。单击 SooPat 检索页面中的"分析"，即可切换到 SooPat 的分析界面。SooPat 可以根据技术主题的分类号进行统计汇总，并按照大类、小类、大族、小族、外观等分析汇总，使检索人可以对技术主题在 IPC 分类中的位置一目了然。同时，SooPat 还提供申请人和发明人的分析，可以了解该技术中主要的申请人和发明人，以及技术合作相关信息，专利分析时非常便捷。❶ SooPat 网站起初是完全免费的，前期主要依靠自有资金和 SooPat 用户的捐助。近几年，SooPat 开始尝试收费服务。普通用户仍然可以免费检索国内专利，但当应用新世界专利检索和专利分析等高级功能时，则需要付费。

检索网址：http：//www.soopat.com/，其检索界面如图 8-14 所示。该检索系统的部分功能是收费的。

图 8-14　SooPat 专利检索界面

8.2.8　智慧芽

智慧芽信息科技（苏州）有限公司（以下简称"智慧芽"）是新加坡 Patsnap 的中国分公司和亚太区研发中心，目前已经推出包括 Patsnap 专利检索分析数据库、Innosnap 知识产权全生命周期管理系统、Landscape 3D 专利地图分析数据库、IP Insights 专利价值分析数据库、Trademark 商标检索分析数

---

❶　孟俊娥．专利检索策略及应用［M］．北京：知识产权出版社，2010：49-64.

据库等一系列专业化知识产权信息应用产品。

　　智慧芽全球专利数据库包括9个检索入口、104个国家数据、20个国家全文收录、60个国家法律状态、25个国家外观专利，专利总数量超过1亿条，每周更新。支持中英文双语检索、外文自带翻译功能，双语界面。可在一个系统中实现检索、分析、预警、5种格式的批量导出等功能。IP Insights专利价值分析数据库进一步走向了商务智能，使知识产权的竞争分析、科技领域分析实现了从未有过的快捷和直观，研发人员、市场人员都能实时地从专利数据中发掘价值信息、获取竞争情报，可分析公司报告、竞争报告、科技报告等，支持一键导出报告，做出正确地商业决策。智慧芽知识产权管理系统实现了研发人员、IPR、流程审核人员等专利业务人员的协同办公，将专利申请、管理、维护等工作高度集成管控，从而更好地对集团的专利战略进行规划、调整、监控。

　　检索网址：http：//analytics. patsnap. cn/，其检索界面如图8-15所示。该检索系统需要购买登录权限后才能访问，但是可以申请试用账号。例如，在IP Insights专利价值分析数据库中输入"超临界流体"检索词后，系统自动生成的专利分析图表（部分）如图8-16所示。

图8-15　Patsnap专利检索分析数据库检索界面

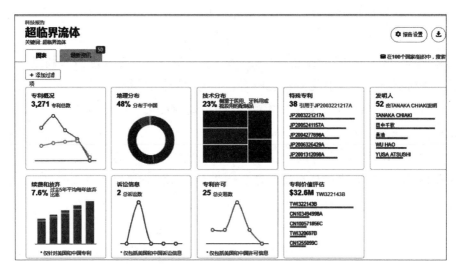

图 8-16 IP Insights 专利价值分析数据库自动生成分析图表

8.2.9 Derwent Innovations Index

Derwent Innovations Index（DII），中文名：德温特创新索引。DII 是由 Derwent 推出的基于 Web of Science 网络检索平台的专利信息数据库，这一数据库将 Derwent World Patents Index（德温特世界专利索引，WPI）与 Patents Citation Index（专利引文索引）加以整合，以每周更新的速度，提供全球专利信息。Derwent Innovations Index 收录来自全球 40 多个专利机构（涵盖 100 多个国家）的 1300 万条基本发明专利，3000 万项专利，每周增加 25 000 多个专利，技术内容涉及化工、电子与电气以及工程技术领域的综合全面的发明信息，其中专利文献资料回溯至 1963 年。DII 提供专业的专利情报加工技术，协助研究人员简捷有效地检索和利用专利情报。用户不仅可以通过 DII 数据库进行专利文献的一般检索，还能够实现专利引用情况检索，还可以使用 Derwent Chemistry Resources（德温特化学资源数据库）进行化学结构式检索。

该数据库也是通过 Web of Science 平台进行检索，检索网址：http：//isi-knowledge. com。其检索界面与图 8-1 和图 8-4 基本一致，只是数据库要选择 Derwent Innovations Index 数据库，在此不再赘述。该数据库需要购买登录权限后才能访问。

附　录

附录1　科技成果标准化评价规范

DB

青 岛 市 服 务 业 标 准 规 范

DB 3702/ FW KJ 003—2017

科技成果标准化评价规范

Specification for science and technology standard assessment

2017 - 03 - 01发布　　　　　　　　　　2017 - 03 - 01实施

青 岛 市 科 技 局
发 布
青 岛 市 质 量 技 术 监 督 局

目　录

前　言

1　范围

2　规范性引用文件

3　术语和定义

4　基本原则

　4.1　目的性原则

　4.2　科学性原则

　4.3　现实的可能性原则

5　评价方法

　5.1　评价指标

　5.2　工作分解结构

　5.3　技术成熟度评价

　5.4　技术创新度评价

　5.5　技术先进度评价

　5.6　效益分析

　5.7　项目团队评价

6　评价程序

　6.1　总则

　6.2　确定评价时间

　6.3　确定评价目的

　6.4　确定评价步骤

　6.5　确定科技评估师

　6.6　确定咨询专家

　6.7　评价原始材料采集

　6.8　工作分解结构分解

6.9 编制评价报告

6.10 行业审核和备案

附录 A （资料性附录）技术成熟度等级表

附录 B （规范性附录）技术创新度等级表

附录 C （规范性附录）应用研究类技术先进度等
级表

附录 D （规范性附录）技术成熟度评价表

附录 E （规范性附录）技术创新度评价表

附录 F （规范性附录）技术先进度评价表

附录 G （规范性附录）青岛市科技成果标准化评价
服务流程

附录 H （规范性附录）标准化评价专家意见表

参考文献

前　言

本标准附录 A 为资料性附录，附录 B-H 为规范性附录。

本标准按照 GB/T 1.1—2009 给出的规则起草。

本标准由青岛市科学技术局提出并归口。

本标准起草单位：青岛市科学技术局、青岛市技术市场服务中心、青岛农业大学、青岛市标准化研究院、青岛市技术标准科学研究所。

本标准主要起草人：徐凌云、姜荣先、吴新、徐文汇、阮航、伍晓强、于晶晶、肖克峰。

科技成果标准化评价规范

1 范围

本标准规定了科技成果标准化评价的术语和定义、基本原则、评价方法和评价程序。

本标准适用于科技成果的标准化评价。

2 规范性引用文件

下列文件对于本文件的应用是必不可少的。凡是注日期的引用文件，仅所注日期的版本适用于本文件。凡是不注日期的引用文件，其最新版本（包括所有的修改单）适用于本文件。

GB/T 7714　文后参考文献著录规则

GB/T 22900　科学技术研究项目评价通则

3 术语和定义

下列术语和定义适用于本文件。

3.1　科技成果标准化评价 Standard Assessment of Science and Technology，SAST

根据相关评价标准、规定、方法和专家的咨询意见，由科技评估师依据科技成果评价原始材料通过建立工作分解结构细分化地对每个工作分解单元的相关指标进行等级评定，并得出标准化评价结果的评价方法。

3.2 咨询专家 Expert Consultant，EC

在科技成果标准化评价过程中，由评价机构聘请的，熟悉被评成果研究领域的、对成果评价过程进行专业咨询的专家。

3.3 行业服务机构 Public Service Provider，PSP

为科技成果评价工作提供公共服务的机构，主要工作包括：承担全市科技成果评价体系建设与规范化管理，引导和支持符合条件的社会专业评价机构开展科技成果评价，开展科技成果评价机构资质认定、考核、监督、管理工作以及科技成果标准化评价培训、科技评估师资质认定、考核管理，并对全市科技成果评价报告进行备案管理等。

3.4 科技成果评价机构 Institution of Scientific and Technological Achievement Assessment，ISTAA

经行业服务机构资质认定，具有科技成果标准化评价业务能力，能够独立接受委托，并提供科技成果标准化评价服务的服务机构。

3.5 科技评估师 Science and Technology Appraiser，STA

在评价过程中负责根据评价标准及相应的评价要求，指导被评价方提供符合标准规定并符合研发基本规律的相关材料，并根据被评价方所提供的所有材料，对技术的相关指标进行等级划分，借助专家的咨询，并最终完成标准化评价报告的人员。

3.6 工作分解结构 Work Breakdown Structure，WBS

一种面向可交付成果的项目元素分组，这个分组组织并定义了全部的项目工作范围。每下降一级都表示一个更加详细的项目工作的定义。

3.7 工作分解单元 Work Breakdown Element，WBE

在工作分解结构中能够独立表达、独立测量、独立评价的基本单元。

3.8 技术成熟度 Technology Maturity Level，TML

在以技术服务于生产作为技术成熟标志的前提下，科技成果在被评价时所处的发展阶段。

注：技术成熟度用规定的等级表示，共分为 13 级。技术成熟度等级表参见附录 A。

3.9 技术创新度 Technology Novelty Level，TNL

一项技术创新的程度。

注：技术创新度用规定的等级表示，共分为 4 级。科技成果的创新度等级表参见附录 B。

3.10 技术先进度 Technology Effect Level，TEL

一项技术应用所产生的作用或效果所处的水平。

注：技术先进度用规定的等级表示，共分为 7 级。应用研究类技术的先进度等级表参见附录 C。

4 基本原则

4.1 目的性原则

评价的目的应明确。

4.2 科学性原则

主要包含以下 3 个方面：

a）特征性：应符合科技成果的基本特征和科研的基本规律；

b）准确一致性：指标体系内部各指标之间应协调统一，指标体系的层次和结构应合理；

c）完备性：应围绕评价目的，全面反映被评价对象。

4.3 现实的可能性原则

应适应于：

a）评价的方式；

b）评价活动对时间、成本的限制；

c）被评方对评价体系的理解接受能力；

d）评价结果使用方对评价体系的理解程度和判断能力。

5 评价方法

5.1 评价指标

包括但不局限于技术成熟度、技术创新度、技术先进度、经济效益和项目团队等指标，每一项评价指标都应规定具体的评判标准和评价方法。

5.2 工作分解结构

对被评价成果进行技术分解，建立工作分解结构，并确定每个工作分解单元的交付物类型。

5.3 技术成熟度评价

以 GB/T 22900《科学技术研究项目评价通则》为基本依据，根据相关证明材料，确定每个工作分解单元的成熟度等级和科技成果整体的成熟度等级。技术成熟度评价参见附录 D。

5.4 技术创新度评价

由第三方机构对被评价的科技成果的创新点进行检索分析，根据查找的地域范围和应用领域的不同，从而判断该科技成果的创新度等级。技术创新度评价参见附录 E。

5.5　技术先进度评价

确定被评价成果所在领域的核心指标，并将被评成果的核心指标与该应用领域中其他类似技术的相同指标进行对比，根据被评成果证明材料和对照物证明材料的水平确定技术先进度等级。技术先进度评价参见附录 F。

5.6　效益分析

分析被评成果的前期投入情况、经济效益情况和社会效益情况。根据评价目的的不同，该部分所评价的核心内容也应有所区别。

5.7　项目团队评价

评价项目研发团队应对成果第一完成人和项目团队的整体情况做出相关评价。

6　评价程序

6.1　总则

青岛市科技成果标准化评价实行"政府、行业、评价机构、科技评估师"四位一体评价体系，具体分工如下：

a）青岛市科学技术局作为科技行政主管部门，负责政策制定、出台方案；

b）青岛市技术市场服务中心作为行业服务机构，承担全市科技成果行业服务、开展科技成果评价服务体系建设和行业规范工作；

c）科技成果评价机构根据相关行业规范提供专业化评价、社会化服务，受托开展评价并对评价过程及结论承担法律责任；

d）科技评估师持证上岗，按法律法规及行业规范从事科技成果评价，并对出具的科技成果评价报告终身负责。

6.2 确定评价时间

确定一个评价时间点。所有评价的结论都应建立在被评价对象在评价时间之前的完成情况。

6.3 确定评价目的

确定一个评价目的。评价目的包括且不局限于：

a）成果管理；

b）科研管理；

c）技术交易。

6.4 确定评价步骤

确定评价实施步骤，具体评价步骤参见青岛市科技成果标准化评价服务流程附录 G。

6.5 确定科技评估师

确定一名科技评估师作为评价过程的负责人。科技评估师负责：

a）根据评价标准、规定和方法，指导被评价方提供符合标准规定并符合科研基本规律的评价原始材料；

b）根据被评价方所提供的材料，借助专家的咨询，对技术的相关指标进行级别的判断；

c）完成标准化评价报告。

6.6 确定咨询专家

确定至少一名咨询专家。咨询专家负责：

a）对科技成果评价的全过程进行专业方面的指导和审核；

b）完成标准化评价专家意见，详见附录 H《标准化评价专家意见表》。

6.7 评价原始材料采集

6.7.1 科技成果被评价方提供成果原始材料。成果原始材料应全面反映被评成果的相关信息，包含：

    a）成果的基本情况；

    b）国内外研究现状；

    c）研究经过；

    d）技术创新点；

    e）技术先进性；

    f）技术发展阶段；

    g）经济和社会效益；

    h）项目团队的情况等。

6.7.2　评价原始材料中的关键数据和核心成果都应提供相应的证明材料。所有证明材料以附件形式展示，其撰写和引用方式应符合国家标准 GB/T 7714，并在文后每条证明材料信息后面提供证明材料关键页。

6.8　工作分解结构分解

应借助工作分解结构对评价原始材料进行技术分解，并对每个工作分解单元进行相应指标的描述或对比。

6.9　编制评价报告

由科技评估师根据评价原始材料和各指标的评价方法，在咨询专家的意见下编制评价报告。评价报告应包含且不局限于以下几部分：

    a）综合评价结论。该部分总结了被评成果的主要研究内容，综合展示后面各项指标的评价级别，并由此给出综合评价结论。

    b）科技成果概述。详细介绍被评成果的研究内容、所取得的相关业绩等。

    c）技术成熟度评价。根据证明材料分析被评成果各个工作分解单元的成熟度，并确定成果的整体成熟度。

    d）技术创新度评价。总结被评成果各工作分解单元的创新点，并根据技术创新度评价方法，确定成果的创新度。

    e）技术先进度评价。利用技术先进度的评价方法确定各指标的先进度，并由多个指标的先进度等级确定成果的整体先进度等级。

f）效益分析。分析被评成果的前期投入情况、经济效益情况和社会效益等情况。

g）项目团队评价。列出成果第一完成人的详细信息，并列出项目团队的基本信息。

h）专家咨询意见。列出咨询专家的基本信息和专家意见。

i）附件。附前面评价原始材料采集要求所涉材料。

6.10 行业审核和备案

评价报告应经行业管理机构审核和备案后方可生效。

附录A

（资料性附录）

技术成熟度等级表

标准模板		含　义
第十三级	回报级	收回投入稳赚利润
第十二级	利润级	利润达到投入20%
第十一级	盈亏级	批产达到±盈亏平衡点
第十级	销售级	第一个销售合同回款
第九级	系统级	实际通过任务运行的成功考验
第八级	产品级	实际系统完成并通过实验验证
第七级	环境级	在实际环境中的系统样机试验
第六级	正样级	相关环境中的系统样机演示
第五级	初样级	相关环境中的部件仿真验证
第四级	仿真级	研究室环境中的部件仿真验证
第三级	功能级	关键功能分析和实验结论成立
第二级	方案级	形成了技术概念或开发方案
第一级	报告级	观察到原理并形成正式报告

注：摘自巨建国等编著的《科技评估师职业培训教材》。

附录 B

（规范性附录）
技术创新度等级表

级　别	定　义
第四级	该技术创新点在国际范围内，在所有应用领域中都检索不到
第三级	该技术创新点在国际范围内，在某个应用领域中检索不到
第二级	该技术创新点在国内范围内，在所有应用领域中都检索不到
第一级	该技术创新点在国内范围内，在某个应用领域中检索不到

附录 C

（规范性附录）

应用研究类技术先进度等级表

级　别	定　义
第七级	在国际范围内，该成果的核心指标值领先于该领域其他类似技术的相应指标
第六级	在国际范围内，该成果的核心指标值达到该领域其他类似技术的相应指标
第五级	在国内范围内，该成果的核心指标值领先于该领域其他类似技术的相应指标
第四级	在国内范围内，该成果的核心指标值达到该领域其他类似技术的相应指标
第三级	该技术成果的核心指标达到国家标准或行业标准
第二级	该技术成果的核心指标达到地方标准或企业标准
第一级	该技术成果的核心指标暂未达到上述任何要求

附录 D

（规范性附录）

技术成熟度评价表

工作分解 单元编号	工作分解 单元内容	交付物 类型	技术 成熟度	证明材料 编号
1				
1.1				
1.2				
……				

附录E

（规范性附录）

技术创新度评价表

工作分解 单元编号	工作分解 单元内容	是否有 创新	创新点 描述	证明材料 编号
1				
1.1				
1.2				
......				

附录 F

（规范性附录）

技术先进度评价表

被评成果			参照物				先进度
指标名	指标值	证明材料编号	名称	级别	相应指标值	证明材料编号	

附录 G

（规范性附录）

青岛市科技成果标准化评价服务流程

序号	服务名称	服务内容	关键文档
1	客户委托	a）委托方向评价机构提出成果评价申请 b）评价机构分析委托需求，明确评价目的—科技成果报奖、科研项目管理、科技成果交易 c）接受客户委托	评价申请表
2	签订合同	与委托方签订评价合同，约定有关评价的要求、完成时间和费用等事项	评价委托合同
3	提交评价原始材料	委托方准备评价原始材料，经评估师审核符合评价要求后，即可开始评价	评价原始材料
4	专家咨询	a）聘请评价咨询专家 b）专家咨询，对科技成果所在行业领域、成果所处水平、行业代表性技术分析以及项目创新点提供专家意见	专家咨询意见表
5	查新	评价机构根据专家对项目创新点的咨询意见，委托查新机构进行查新和情报文献分析	专家咨询意见
6	成熟度评价	基于评价原始材料，对项目进行标准化评价，完成项目技术成熟度评价	技术凭证
7	创新度评价	根据查新报告对创新点的查新结论，结合文献分析、专利分析对项目技术创新度进行评价	查新报告（技术分析报告）
8	先进度评价	依据第三方检验检测报告、论文等证明材料，开展项目关键技术指标与行业代表性技术指标分析、对比，结合专家咨询意见，进行项目技术先进性评价	第三方检测报告、论文等
9	效益分析评价	根据项目单位财务数据，对项目经济效益进行评价	审计报告、销售发票、纳税证明等
10	项目团队评价	对项目团队、项目负责人进行评价	

序号	服务名称	服务内容	关键文档
11	综合结论	综合技术成熟度、技术创新度、技术先进性评价及经济与社会效益分析等，科技评估师给出拟定综合评价结论，并撰写评价报告书初稿	
12	专家咨询	咨询专家根据原始评价材料审核评价报告中的相关指标，填写专家咨询意见	咨询问题和专家意见表
13	报告修改	评估师根据专家意见修改评价报告，并再次发给专家确认，直到专家同意报告的所有内容	
14	出具评价报告	咨询专家签字；科技评估师签章；评价机构盖公章	
15	行业备案	评价报告行业备案	评价报告书
16	成果登记	科技成果登记	成果登记软件

附录 H
（规范性附录）
标准化评价专家意见表

咨询问题	专家意见
创新度评价中，该成果的创新点是否可以认定为在其他领域中没有相关研究	
先进度评价中，所列的相关指标是否为该成果的核心指标？对比参照物水平是否能够代表该领域国际/国内较高水平？在国际/国内范围内是否还有其他参照物具有更高水平的相关指标	
该成果的综合评价结论中关于整体水平的评价结论是否合适？您认为该是什么级别	
该项目的其他指标的结论是否合适	
您对该成果的评价还有哪些意见	
专家姓名： 日期： 年 月 日	

参考文献

［1］国家科学技术奖励工作办公室《关于开展二期科技成果评价试点工作的实施意见》（国科奖字〔2014〕28 号）

［2］《青岛市关于开展二期科技成果评价试点工作的实施方案》（青科成字〔2014〕3 号）

［3］《青岛市科技成果标准化评价试点暂行办法》（青科创字〔2014〕42 号）

［4］美国国防部．技术就绪水平评估手册．DOD5000-2-R，2005.

［5］格雷戈里·豪根．有效的工作分解结构［M］.北京广联达慧中软件技术有限公司，译.北京：机械工业出版社，2005.

［6］巨建国，汤万金．科技评价理论与方法——基于技术增加值［M］.北京：中国计量出版社，2008.

［7］国家知识产权局专利管理司，等．专利价值分析指标体系操作手册［M］.北京：知识产权出版社，2012.

［8］青岛市科技局，等．科学技术成果标准化评价体系操作手册．2015.

附录2 科技成果标准化评价申请表

一、科技成果概况	
成果名称	
成果体现形式	□新技术　□新工艺　□新产品　□新材料　□新装备　□农业、生物新品种 □矿产新品种　□其他应用技术_____
	□国际标准　□国家标准　□行业标准　□地方标准　□企业标准
评价目的	□成果管理　□科研管理　□成果交易
课题来源 （单选）	□国家科技计划　□部门计划　□地方计划　□部门基金　□地方基金　□民间 基金　□国际合作　□横向委托　□自选　□其他_____
课题立项名称	
课题立项编号	
开始日期	完成日期
战略性新兴 产业（单选）	□节能环保　□新一代信息技术　□生物　□高端装备制造　□新能源　□新 材料　□新能源汽车
所属高新技 术领域（单选）	□电子信息　□先进制造　□航空航天　□现代交通　□生物医药与医疗器械 □新材料　□新能源与节能　□环境保护　□地球、空间与海洋　□核应用技术 □现代农业
成果主要应 用行业（单选）	□农、林、牧、渔业　□采矿业　□制造业　□电力、热力、燃气及水生产和供 应业　□建筑业　□批发和零售业　□交通运输、仓储和邮政业　□住宿和餐饮 业　□信息传输、软件和信息技术服务业　□金融业　□房地产业　□租赁和商 务服务业　□科学研究和技术服务业　□水利、环境和公共设施管理业　□居民 服务、修理和其他服务业　□教育　□卫生和社会工作　□文化、体育和娱乐业 □公共管理、社会保障和社会组织　□国际组织
知识产权形式	□发明专利　□实用新型专利　□外观设计专利　□软件著作权　□其他
专利状况	已受理专利项数 ___ 已授权专利项数 ___
经费实际投 入额（万元）	已投入 ___ 预期投入 ___

137

续表

应用状态	□产业化应用 □小批量或小范围应用 □试用 □应用后停用 □未应用		
转化方式	□自我转化 □合作转化 □技术转让与许可		
	合作转化方式	□技术服务 □合作开发 □技术入股	
转化效益（万元）	已收益		预期收益

成果简介（课题来源与背景、技术原理及性能指标、技术的创造性与先进性、技术的成熟程度，应用情况及存在的问题、历年获奖情况及发表论文情况等）

二、科技成果完成人员名单

序号	姓名	性别	出生年月	技术职称	文化程度	是否留学归国	工作单位	对成果创造性贡献

三、科技成果完成单位情况

第一完成单位名称			
单位属性	□独立科研机构 □大专院校 □医疗机构 □企业 □其他_____		
组织机构代码	□□□□□□□□□□		
通信地址		邮政编码	□□□□□□
网址		传真	
项目负责人		电话	
电子邮箱			

成果合作完成单位情况

序号	单位名称	通信地址	邮政编码	联系人	联系人电话

四、单位审查意见	
申请 单位 意见	（盖章） 　　　年　　月　　日
评价 机构 意见	（盖章） 　　　年　　月　　日

附录3 应用类科技成果评价
原始材料编制提纲

一、技术介绍

(对整个评价项目技术内容进行归纳总结,力求简明扼要,突出重点)

1 技术基本情况

1.1 来源项目

(项目名称、立项日期、结题日期、项目说明等。)

1.2 技术基本信息

技术交付物类别:(硬件/软件/工艺/方法/……)

研究形式:(独立研究/同行业机构合作/产学研/其他)

技术领域:

应用领域:

1.3 技术的相关业绩(论文、专利、获奖情况等的简单介绍。注意所提到的业绩必须在后面附件中附上支撑材料,格式见附件示例。)

示例:技术基本概况:该技术获发明专利 3 项[1-3],实用新型专利 2 项[4-5],申请发明专利 5 项[6-7],发表论文 8 篇[8-15],获得省部级奖励 3 项[16-18],……

2 国内外研究状况分析

(这部分要涉及先进度对比的参照物。)

3 研究经过

3.1 研究目的、意义、研究内容及已有基础

(包括研究目的、意义,技术开发所涉及的所有内容,每项内容研究是

在什么基础上开始研究的，尽可能地细化研究内容，由此建立 WBS。研究的核心内容应与技术 WBS 表中的每个 WBE 相对应。）

3.2 研究方法、技术路线等

（详尽说明本研究采用的主要研究方法和技术路线，包括对现有技术进行了什么样的改进，进行了哪些实验，对实验数据处理方法、物理模型实验的记录描述，以及提出的新理论、新方法、新工艺等。要求工作记述详细，条理清晰，外协研究部分予以注明。）

3.3 研究结果

（简述本研究的最终结果，并结合研究内容中所列的具体研究点，列出每个研究点的研究结果。要求突出重点，条理清晰，有真实有效的依据。）

4 技术创新程度

（简述在技术开发中所需要解决关键技术难题取得技术突破、掌握核心技术进行集成创新的程度，阐明各个创新点。包括完全自主创新、多项技术自主创新或是单项技术有创新，阐明自主创新技术在总体技术中的比重。）

5 技术指标的先进程度

（表明技术性能及应用水平的量化指标，技术指标的对比需要参照现有的指标和标准体系，体现出该成果在技术层面上的优势，对比的参照物包括：原市场产品、各类标准、其他技术、专利或论文中提到的数据等。通过与同类技术对比突出该技术的特点、优势，一定要有客观权威的对比支撑材料。）

6 技术成熟度

（简述项目技术稳定性、可靠性等，阐明已形成生产能力或达到推广应用的程度，整体成熟度。）

7 经济及社会效益

7.1 经济效益

已投入的经费：（详细说明为了研发该技术所投入的各类经费的来源和金

额，必填项。）

已经产生的经济效益：（在该时间点之前已经取得的总收入和利润，如果还未产生经济效益，可填写预期经济效益作为参考内容。）

7.2 社会效益

（技术所取得的奖项、专利证书等，以及技术在推动科学技术进步，保护自然资源或生态环境；保障国家和社会安全；改善人民物质、文化、生活及健康水平等方面所起的作用。）

8 主要研发人员简介

（简明扼要列出项目负责人和参加研发人员的学历、职称、发表的论文、专利，主持或承担的项目等。）

二、技术分解和对比分析

1 成熟度技术分解

表 1 成熟度技术分解表

工作分解单元编号	工作分解单元内容	交付物类型	技术成熟度描述	证明材料编号
1				
1.1				
1.2				

（填表说明：①请在表 1 中将本项目分解为几个具体的工作分解单元，并给出每个工作分解单元最终交付物的类型。主交付物类型包括：硬件、软件、工艺、方法、商业模式和服务模式；副交付物包括：标准、专利、论文、著作、新药证书等。②用一句话总结技术的成熟度，最后给出相应的支撑材料编号；支撑材料需在"三、附件材料"中列出并编号。③交付物的类型有软件、硬件、工艺、方法等。④工作分解单元编号只是示例，可增加也可减少，根据实际数量填写，还可以再有下一级分解，例如：1.1.1、1.1.2…）

示例：

表 1 成熟度技术分解表

工作分解单元编号	工作分解单元内容	交付物类型	技术成熟度描述	证明材料编号
1	××果干的新型加工方法及废液处理	工艺	已在规模生产中应用	［3］ ［4］
1.1	××果干的新型加工方法	工艺	实现规模化生产，产品已经实现销售	
1.1.1	原料前处理	工艺	传统的成熟工艺	
1.1.2	浸泡工艺	工艺	经过研发，实现规模化生产，产品已经实现销售	
1.1.3	论文	论文	已发表	
1.2	废糖液的脱色处理工艺	工艺	实现规模化处理，处理后的糖液已在生产中重复利用	
1.2.1	××××工艺	工艺	经过研发，实现工艺的工业化应用	
1.2.2	××工艺	工艺	传统的成熟工艺	
1.2.3	专利	专利	已授权	

2 创新度技术分解表

表 2 创新度技术分解表

工作分解单元编号	工作分解单元内容	是否有创新	创新描述描述	证明材料编号
1				
1.1				
1.2				
1.3				

（填表说明：①此表中的工作分解单元应与表1中的分解一致。②根据实际的研究情况，结合分解找到有创新的工作分解单元，并简单描述创新情况。没有创新的工作分解单元可不描述，也不需附件。③根据创新点确定查新关键词，填写《查新委托书》，填好后先发给评估机构，待与专家沟通确认后即可进行科技查新。④支撑材料需在"三、附件材料"中提供并编号，此编号可先预留，待有了查新报告后补充。）

示例：

表2　创新度技术分解表

工作分解单元编号	工作分解单元内容	是否有创新	创新描述	证明材料编号
1	××果干的新型加工方法及废液处理	／		［5］ ［6］
1.1	××果干的新型加工方法	／		
1.1.1	原料前处理	无		
1.1.2	浸泡工艺	有	使用××××和××××代替白砂糖；中温（××℃－××60℃）短时（××h）浸泡	
1.1.3	论文	无		
1.2	废糖液的脱色处理工艺	／		
1.2.1	××××工艺	有	优化××的浓度，并采用了××和××絮凝剂结合的方式先使××中的胶体等杂质絮凝	
1.2.2	××工艺	无		
1.2.3	专利	无		

3 先进度指标对比分析

表 3 先进度指标对比表

被评成果			参照物				本技术相对于参照物的水平
指标名	指标值	证明材料编号	名称	级别	相应指标值	证明材料编号	

（填表说明：①此表中需要填写被评成果的重要指标名称及其值，并提供相应的支持材料。②同时需要提供已有技术或产品的名称，并给出与被评成果相同指标的指标值，并提供相应的支持材料。③级别中填写参照物的水平：国际最高水平、国内最高水平、国家（或国际）标准、其他标准。④支撑材料必须是公开发表的论文、专利、标准或第三方检测报告，并在"三、附件材料"中提供并编号。）

示例：

表 3 先进度指标对比表

被评成果			参照物				本技术相对于参照物的水平
指标名	指标值	证明材料编号	名称	级别	相应指标值	证明材料编号	
含××量	57%	[7]	烘干法制备葡萄干的含××量	SCI	45%	[8]	超过
含糖量	20%	[9]	烘干法制备葡萄干的含糖量	中文核心	19%	[10]	达到

三、附件材料

（填写说明：①该部分中的附件材料要以在上文中出现的先后顺序列出，并编号，编号方式按中文参考文献的格式编写。②论文在基本信息后需插入论文首页。③专利需附专利证书，未授权的附受理通知书。④第三方检测报告需另附复印件。)

附件材料著录格式示例（部分）：

[1] 李晓东，张庆红，叶瑾琳. 气候学研究的若干理论问题 [J]. 北京大学学报：自然科学版，1999，35（1）：101-106.

（附论文首页）

[2] 刘加林. 多功能一次性压舌板：中国，92214985.2 [P]. 1993-04-14.

（附专利证书）

[3] 赵凯华，罗蔚茵. 新概念物理教程：力学 [M]. 北京：高等教育出版社，1995.

（附专著封面和体现作者名单页面）

[4] 全国文献工作标准化技术委员会第七分委员会. GB/T 5795—1986 中国标准书号 [S]. 北京：中国标准出版社，1986.

（附标准相关数据关键页）

[5] 科技查新报告. 教育部科技查新工作站（G08）. 2015-05-06.

（附查新报告封面页和查新结论页）

[6] 检测报告. 青岛市产品质量监督检验所. 2015-03-20.

（附含有相关指标的关键页）

附录4　基础理论类科技成果评价
原始材料编制提纲

一、成果介绍

1　成果基本情况

1.1　来源项目

（项目名称、立项日期、结题日期、项目说明等）

1.2　成果基本信息

成果交付物类别：（硬件/软件/工艺/方法/……）

研究形式：（独立研究/同行业机构合作/产学研/其他）

技术领域：

应用领域：

1.3　成果的相关业绩（论文、专利、获奖情况等的简单介绍。注意所提到的业绩必须在后面附件中附上支撑材料，格式见附件示例。所列论文不得超过8篇。）

示例：成果基本概况：该成果获发明专利3项[1-3]，实用新型专利2项[4-5]，申请发明专利5项[6-7]，发表论文8篇[8-15]，获得省部级奖励3项[16-18]，……

2　国内外研究状况分析

3　研究经过

（从项目设计到开发，再到分析总结，对整个技术开发过程记录和归纳，从头到尾记述。）

3.1 研究目的、意义、研究内容

（包括研究目的、意义，技术开发所涉及的所有内容，每项内容研究是在什么基础上开始研究的，尽可能地细化研究内容，由此建立 WBS。研究的核心内容应与技术 WBS 表中的每个 WBE 相对应。）

3.2 研究方法、技术路线等

（详尽说明本研究采用的主要研究方法和技术路线，包括对现有技术进行了什么样的改进，进行了哪些实验，对实验数据处理方法、物理模型实验的记录描述，以及提出的新理论、新方法、新工艺等。要求工作记述详细，条理清晰，外协研究部分予以注明。）

3.3 研究结果

（结合研究内容中所列的具体的研究点，列出每个研究点的结果和最终的整体的结果，突出重点，条理清晰，要有真实有效的证明材料。）

4 技术创新和先进程度

（简述科学发现的创新程度，归纳提炼项目在创造性方面科学研究内容，应围绕代表论文的核心内容，简明、准确、完整地进行阐述并按重要性排序。每项科学发现阐述前应首先说明该发现所属的学科分类名称、支持该发现成立的代表性论文或论著的附件序号等。阐述该成果通过与同类技术对比突出该成果的特点、优势，一定要有客观权威的对比支撑材料。）

5 技术成熟度

（简述项目技术稳定性、可靠性等，阐明已形成生产能力或达到推广应用的程度，整体成熟度。）

6 经济及社会效益

6.1 经济效益

已投入的经费：（详细说明为了研发该成果所投入的各类经费的来源和金额。）

6.2 社会效益

(成果所取得的奖项、专利证书等，以及成果在推动科学技术进步，保护自然资源或生态环境；保障国家和社会安全；改善人民物质、文化、生活及健康水平等方面所起的作用。)

7 主要研发人员简介

(简明扼要列出项目负责人和参加研发人员的学历、职称、发表的论文、专利，主持或参与的项目等。)

二、技术分解和对比分析

1 成熟度技术分解

表 1 成熟度技术分解表

工作分解单元编号	工作分解单元内容	交付物类型	技术成熟度描述	证明材料编号
1				
1.1				
1.2				
1.3				
...				

(填表说明：①请在表 1 中将本项目分解为几个具体的工作分解单元，并给出每个工作分解单元最终交付物的类型。主交付物类型包括：硬件、软件、工艺、方法、商业模式和服务模式；副交付物包括：标准、专利、论文、著作、新药证书等。②用一句话总结技术的成熟度，最后给出相应的支撑材料编号；支撑材料需在"三、附件材料"中列出并编号。③交付物的类型有软件、硬件、工艺、方法等。④工作分解单元编号只是示例，可增加也可减少，根据实际数量填写，还可以再有下一级分解，例如，1.1.1、1.1.2…)

示例：

表 1　成熟度技术分解表

工作分解单元编号	工作分解单元内容	交付物类型	技术成熟度描述	证明材料编号
1	血液中肿瘤细胞 mRNA 在××中的作用			
1.1	免疫组化方法检测××，筛选特异性标志基因	方法	已经完成该理论研究	[3] [4]
1.2	××血淋巴细胞 TCT 涂片制作方法	方法	传统方法	
1.3	××耐药基因与肿瘤复发相关性	方法	已经完成该理论研究	
1.4	××与肿瘤复发相关性	方法	已经完成该理论研究	
1.5	论文	论文	已发表	

2　创新度技术分解表

表 2　创新度技术分解表

工作分解单元编号	工作分解单元内容	是否有创新	创新描述	证明材料编号
1				
1.1				
1.2				
1.3				
...				

（填表说明：①此表中的工作分解单元模块应与表 1 中的分解一致。②根据实际的研究情况，结合分解找到有创新的工作分解单元，并简单描述创新情况。没有创新的工作分解单元可不描述，也不需附件。③根据创新点确定查新关键词，填写《查新委托书》，填好后先发给评估机构，待与专家沟通确认后即可进行科技查新。④支撑材料需在"三、附件材料"中提供并编号，此编号可先预留，待有了查新报告后补充。）

示例:

表2 创新度技术分解表

工作分解单元编号	工作分解单元内容	是否有创新	创新描述	证明材料编号
1	血液中肿瘤细胞 mRNA 在×× 中的作用	/		[5]
1.1	免疫组化方法检测××,筛选特异性标志基因	有	筛选出特定的肿瘤标记物与标志基因,发现其作为衡量耐药性产生的敏感指标	
1.2	建立××血淋巴细胞 TCT 涂片制作方法	无		
1.3	××耐药基因与肿瘤复发相关性	有	发现 PXR 及 MDR-1 蛋白在中-低分化肺腺癌中的共表达	
1.4	××与肿瘤复发相关性	有	发现 PXR 蛋白的入核现象与肿瘤分化、分型及耐药复发密切相关	
1.5	论文	无		

3 先进度分析

表3 代表性论文(论著)信息表

序号	论文(论著)名称	发表刊物(出版社)	出版物收录情况	发表(出版)时间	JCR 分区	作者(按刊物发表顺序)	影响因子	他引总次数	SCI他引次数	证明材料
1										
2										
3										

(填表说明:①此表中可以填写论文、专著、标准的相关信息,论文最多列8篇。②表中所列的条目没有的可不填,所填的内容必须有相关证明材料。)

三、附件材料

（填写说明：①该部分中的附件材料要以在上文中出现的先后顺序列出，并编号，编号方式按中文参考文献的格式编写。②论文在基本信息后需插入论文首页。③专利需附专利证书，未授权的附受理通知书。④第三方检测报告需另附复印件。）

附件材料著录格式示例（部分）：

［1］李晓东，张庆红，叶瑾琳．气候学研究的若干理论问题［J］．北京大学学报：自然科学版，1999，35（1）：101-106.

（附论文首页）

［2］刘加林．多功能一次性压舌板：中国，92214985.2［P］.1993-04-14.

（附专利证书）

［3］赵凯华，罗蔚茵．新概念物理教程：力学［M］．北京：高等教育出版社，1995.

（附专著封面和体现作者名单页面）

［4］全国文献工作标准化技术委员会第七分委员会．GB/T 5795—1986 中国标准书号［S］．北京：中国标准出版社，1986.

（附标准相关数据关键页）

［5］科技查新报告．教育部科技查新工作站（G08）.2015-05-06.

（附查新报告封面页和查新结论页）

［6］检测报告．青岛市产品质量监督检验所.2015-03-20.

（附含有相关指标的关键页）

附录5 标准化评价咨询问题和专家意见模板

1 应用类

专家姓名：＿＿＿＿＿＿＿

填写须知：

（1）请专家根据自己对该研究领域的了解，对下面的问题给出书面咨询意见。

（2）此文件将作为评价报告审核机构审核报告时的必备附件。

（3）下面所列的几个为问题为咨询过程中必须有的问题，评估师可以根据实际评价的内容增加咨询的问题。

咨询问题：

1. 创新度评价中，该技术的创新点是否可以认定为在其他领域中没有相关研究？

    专家意见：

2. 先进度评价中，所列的相关指标是否为该技术的核心指标？对比参照物水平是否能够代表该领域国际/国内较高水平？在国际/国内范围内是否还有其他参照物具有更高水平的相关指标？

    专家意见：

3. 该技术的综合评价结论中关于整体水平为××的结论是否合适？您认为该是什么级别？

    专家意见：

4. 该项目的其他指标的结论是否合适？

    专家意见：

5. 您对该技术的评价还有哪些意见？

    专家意见：

专家签字：＿＿＿＿＿＿

日　期：　年　月　日

2 基础理论类

专家姓名：＿＿＿＿＿＿

填写须知：

（1）请专家根据自己对该研究领域的了解，对下面的问题给出书面咨询意见。

（2）此文件将作为评价报告审核机构审核报告时的必备附件。

（3）下面所列的几个为问题为咨询过程中必须有的问题，评估师可以根据实际评价的内容增加咨询的问题。

咨询问题：

1. 成熟度评价中，是否可以认为该技术已经达到了××（整体成熟度的描述）？

   专家意见：

2. 创新度评价中，该技术的创新点是否可以认定为在其他领域中没有相关研究？

   专家意见：

3. 先进度评价中所列的论文/专著是否能够达到××水平？综合评价结论中关于整体水平为××的结论是否合适？您认为该是什么级别？

   专家意见：

4. 该项目的其他指标的结论是否合适？

   专家意见：

5. 您对该技术的评价还有哪些意见？

   专家意见：

专家签字：＿＿＿＿＿＿

日　　期：　年　月　日

附录6 科技成果标准化评价报告模板

青岛市科技成果标准化评价报告

成果名称：

成果完成单位：

成果评价机构：

评价目的：

评价时间：　　年　月　日

二〇一五年制

目　录

综合评价结论

第一部分：科技成果概述

第二部分：技术成熟度评价

第三部分：技术创新度评价

第四部分：技术先进性评价

第五部分：效益分析

第六部分：团队评价

第七部分：专家咨询意见

第八部分：审查意见

第九部分：附件

综合评价结论

20××年××月××日，××公司受××委托，对××成果进行评价。本次评价的主要目的是实现该技术××（评价目的）。

××公司根据国家标准 GB/T 22900—2009《科学技术研究项目评价通则》和青岛市服务业标准规范 DB 3702/ FW KJ 003—2017《科技成果标准化评价规范》，本着独立、客观、公正的原则，按照必要的程序对待评成果实施了调查与分析，并出具本报告，评价结论如下：

该成果（在……领域/方面，利用……技术/方法/工艺的创新，取得了……成效，解决了……关键问题）。

该成果技术成熟度为×级，技术创新度为×级，技术先进性为×级，经济效益××，评价该成果整体水平达到（国际/国内）（领先/先进）水平。

第一部分：科技成果概述

    ××成果属于××领域，主要应用于××行业（介绍成果的具体研究内容，目前已取得的进展与状况，包括知识产权、获奖情况、行业推广情况等。所提到的知识产权和获奖等情况都要有附件支持，附件以写论文时参考文献的中文引用方式在文中引用，并在后面附上附件的详细信息及相关图片）。

    例：该技术研究了××。该技术在实验环境中基本成熟，目前尚未应用。已发表论文 1 篇[1]，获得发明专利授权一项[2]，获国家海洋局海洋科学技术二等奖 1 项[3]。

第二部分：技术成熟度评价

该成果的技术成熟度评价表如表 1 所示，其主体技术/核心技术/关键 WBE 是……

该成果（采用……方法，主要在＊＊＊WBE 进行研发和创新）。该成果为（集成创新/引进消化吸收再创新/工艺改进……），解决了……技术难题/关键问题。

根据技术凭证查证[4]，该成果中所涉及的技术成熟度已经达到（1~9）级。[根据经济效益可知，该成果已经推广应用，并且已经获得××亿元经济效益[5]，综合评价该技术的成熟度为（10~13）级。]

表 1　技术成熟度评价表

工作分解单元编号	工作分解单元内容	交付物类型	技术成熟度	证明材料编号
1				
1.1				[4]
1.2				
1.3				
…				

第三部分：技术创新度评价

该成果的技术创新度评价表如表 2 所示。该成果核心技术与现有技术比较，（创新路径/工艺路线）属于（在自创的理论、模型支撑下的技术实现/现有技术基础上的改进），取得或拥有的知识产权情况（发明/实用新型）[2]。具有自主知识产权的技术是否与成果主体技术/核心技术具有关联性及关联度强弱。自主创新技术在总体技术中的比重情况。

该成果有创新的 WBE 主要涉及×××××、×××××，据此进行科技查新[6]，并通过文献分析和专利分析，该成果关键 WBE 的创新点和方法在（国际/国内）范围内（本领域）没有相关报道。

综合知识产权分析与文献分析情况，该成果核心技术（描述创新点检索情况）。评价该技术的创新度为（1~4）级。

表 2　技术创新度评价表

工作分解单元编号	工作分解单元内容	是否有创新	创新描述	证明材料编号
1				
1.1				
1.2				[6]
1.3				
...				

第四部分：技术先进性评价

1 应用类技术先进度评价（评价应用类技术时按这部分要求）

该成果处于××阶段，技术方提供××作为自身技术指标的证明[7,8]，提供××（第三方检测报告或论文或专利或其他公开发表的信息或权威机构的相关检测）作为对参照物指标的证明[9,10]。该成果核心技术数据与国内外代表性技术对比如表 3 所示。

经检索分析，（描述核心指标对比情况）。结合专家的咨询意见，各指标的先进度如表 3 所示。评价该技术的整体先进度为（1~7）级。

表 3　技术先进度评价表

被评成果			参照物				先进度
指标名	指标值	证明材料编号	名称	级别	相应指标值	证明材料编号	
		[7]				[9]	
		[8]				[10]	
		[8]				[10]	

2 理论研究和公益性技术先进度评价

（评价理论研究和公益性技术研究时按这部分要求）

该成果为××类技术，成果方提供了×篇论文，×篇专著，×个标准作为先进度评定的证明材料，详细信息如表 4 所示。根据××出具的《引证检索报告》[12]查证，所提供的×篇论文中，×篇为 SCI 期刊收录的论文，×篇为中文核心期刊论文……

根据该成果所发表论文/专著/标准的水平，并结合专家判断，评价该成果的整体先进度为（1~7）级。

表 4　论文（论著）信息表

序号	论文（论著）名称	发表刊物（出版社）	收录层次	发表（出版）时间	作者（按刊物发表顺序）	JCR分区	影响因子	SCI他引次数	证明材料
1									
2									
3									

第五部分：效益分析

经济效益分析：

例：根据提供的审计报告及相关财务数据，该成果已由××公司通过（技术转让、达产、）方式，已经投入××万元，已实现（收入、新增利润、税收）××万元，与成果应用之前相比，实现了××增长（增收节支、提高效益、降低成本），效益（显著、明显、一般）。

社会效益分析：公益类科技评价可以只写该部分。

第六部分：团队评价

由表5可知，根据项目团队学历、经历和业绩等材料综合评价，该项目负责人×××。

该项目团队……（描述团队知识结构、业务技能、已取得的成果、稳定性等信息。）

表5　主要研制人员名单

序　号	姓　名	性　别	出生年月	技术职称	文化程度	工作单位	对成果创造性贡献
1							
2							
3							
4							

第七部分：专家咨询意见

<table>
<tr><td rowspan="10">专家基本情况</td><td>姓　名</td><td></td><td>性　别</td><td></td></tr>
<tr><td>出生年月</td><td></td><td>学　历</td><td></td></tr>
<tr><td>职　称</td><td></td><td>所学专业</td><td></td></tr>
<tr><td>熟悉学科1</td><td></td><td>熟悉学科2</td><td></td></tr>
<tr><td>工作单位</td><td></td><td>职　务</td><td></td></tr>
<tr><td>通信地址</td><td colspan="3"></td></tr>
<tr><td>联系电话</td><td></td><td>电子邮箱</td><td></td></tr>
<tr><td colspan="4">研究领域：</td></tr>
<tr><td colspan="4">代表性成果（限3个）：</td></tr>
</table>

专家咨询意见：

本人对该成果通过技术方所提供的书面材料和相关证明材料进行了详细的审阅，认为该技术具有一定的创新性和先进性，并在评价过程中对科技评估师提出的专业相关的问题进行了咨询，同意报告中对该成果各指标的评价结果。本人所获取的报酬与本报告中的分析、意见和结论无关，也与本报告的使用无关。

需要特别说明的问题：

专家签字：

年　月　日

第八部分：审查意见

评价机构意见

本次科技成果标准化评价结论不具有行政效能，仅属咨询性意见。依据评价结论做出的决策行为，其后果由行为决策者承担。
    我们所获取的报酬与本报告中的分析、意见和结论无关，也与本报告的使用无关。
 	
                                     科技评估师（签字）：
                                      评估师证书编号：
                                      评价机构：（盖章）
 	
                                      年   月   日

登记备案

    青科评备字第   号
 	
                                      年   月   日

第九部分：附件

[1] 李晓东，张庆红，叶瑾琳. 气候学研究的若干理论问题 [J]. 北京大学学报：自然科学版，1999，35（1）：101-106.

（附论文首页）

[2] 刘加林. 多功能一次性压舌板：中国，92214985.2 [P]. 1993-04-14.

（附专利证书，下同）

[3] 发明奖证书等，格式按标准书写。

[4] 论文或专利或实验报告等，格式按标准书写。

[5] 财务审计报告或发票或应用证明或交税证明等。

[6] 科技查新报告。教育部科技查新工作站（G08），报告编号：×××，2015-05-06。

[7] 第三方检测报告或论文或专利或其他公开发表的信息或权威机构的相关检测，格式按标准书写。

[8] 第三方检测报告或论文或专利或其他公开发表的信息或权威机构的相关检测，格式按标准书写。

[9] 第三方检测报告或论文或专利或其他公开发表的信息或权威机构的相关检测，格式按标准书写。

[10] 第三方检测报告或论文或专利或其他公开发表的信息或权威机构的相关检测，格式按标准书写。

[11] 检测报告。青岛市产品质量监督检验所，2015-03-20。

（附检测报告扫描件关键页）

[12] 引证检索报告。山东省科学院情报所，报告编号：×××××××××××. 2015.9.30。

（附查新结论页）

附录7　科技成果标准化评价服务平台

（一）平台简介

"科技成果标准化评价服务平台"（以下简称"平台"）是在青岛市科技局和青岛市技术市场服务中心指导以及"青岛市科技成果评价服务平台建设项目"的资助下，由青岛蓝海创新科技股份有限公司协同青岛农业大学和部分评价服务机构，研发并建立的科技成果标准化评价体系线上应用平台。该平台根据国家标准《科学技术研究项目评价通则》（GB/T 22900—2009）和科技成果标准化评价方法，融合了各种评价数据算法，运用"互联网＋"思维，以标准化、规范化、智能化的方式提供科技成果标准化评价全链条解决方案，服务于成果完成方、评价机构、行业管理机构、咨询专家以及技术投资方等与科技评价业务相关的各个主体，全面提升科技成果标准化评价的质量和应用效果。

平台定位为面向社会开放的、市场化的第四方评价服务平台，平台首页如图1所示。平台整合了"成果超市""评价机构""专家人才""科技评估师""咨询中心""政策法规""相关下载"等数据资源，为评价提供全链条、全要素服务。

图1　青岛市科技成果标准化评价服务平台首页

（二）平台主要功能模块

（1）服务于评价委托方模块

平台集中展示评价机构基本信息和星级信息、咨询专家信息、科技评估师等评价委托方所需要的基本信息，便于评价委托方选择合适的评价机构。同时，可以实现评价委托申请在线提交评价申请，便于评价业务的快速对接。

（2）服务于评价机构模块

平台提供机构信息展示版面，有助于评估机构的宣传；平台提供在线评价功能，能够通过各种先进算法，以智能化的模式，简化标准化评价的流程，提高评价的客观性和准确性，同时节约科技评估师的评价时间；平台还可实现专家在线审批、评价报告自动生成打印等功能，将评价体系与系统功能相融合，为评价机构和科技评估师提供线上规范化、标准化、智能化的评价支持。

（3）服务于行业管理机构模块

平台提供行业监管、项目备案、信息公开等服务，建立科技成果标准化评价、科技成果登记、科学技术奖励管理、技术成果交易等成果管理全链条服务。有助于评价行业管理机构对评价全链条的管控，提升评价行业管理的质量和效率。

同时，平台建立数据分析专版，基于评价过程中的相关数据进行挖掘分析，系统生成相关指标的分析图表，为行业管理机构提供评价市场数据分析支持、为科技主管部门决策提供支撑。平台数据分析图表示例如图2所示。

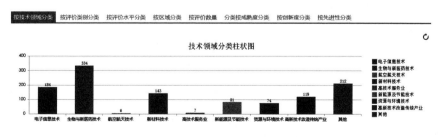

图2 平台数据分析图表示例

(4) 服务于咨询专家模块

　　该模块支持咨询专家在线评价，评价过程中专家评审意见系统留痕，在提升评价效率的同时保证评价的真实性，提高了评价的客观性。

附录8　科技成果标准化评价相关政策

国家科学技术奖励工作办公室文件

国科奖字〔2014〕028 号

国家科学技术奖励工作办公室
关于开展二期科技成果评价试点工作的实施意见

各科技成果评价试点单位：

科技部自 2009 年 10 月启动科技成果评价试点工作以来，取得良好进展。各试点单位相继制订了本单位的试点工作方案，确定了各自的试点范围和参加试点的评价机构，初步建立了科技成果分类评价方法的评价指标体系，加强了科技成果评价咨询专家队伍、社会专业评价机构建设，积极探索面向市场的科技成果评价新机制，既符合总体要求又突出特色地开展科技成果评价活动。通过一期（2009 年 10 月至今）试点工作，提高了科技界和社会对科技成果评价的认识，增强了科技成果评价为科技成果转化服务的能力，为加快转变政府职能、促进社会专业评价机构发展提供了有益的经验。

为了确保按期实现科技成果评价试点的总体目标，在继续深入实施《科技成果评价试点工作方案》和《科技成果评价试点暂行办法》（国科颁奖〔2009〕63 号）的基础上，我办决定开展二期（今起至 2015 年年底）科技成果评价试点工作（以下简称二期试点工作）。现就二期试点工作提出以下实施意见。

一、适当扩大科技成果评价试点范围，加快推进二期试点工作

在自愿申请的基础上，确定二期科技成果评价试点单位和试点评价机构（目录详见附件）。各试点单位要制订适合本单位的二期试点工作实施方案，

明确试点范围、目标和要求，在试点范围内不再开展科技成果鉴定，全面实施科技成果评价（涉及国家秘密、国家安全、公共安全等国家重大利益的除外）。明确科技成果评价报告可用于科技成果登记和推荐科技奖励的佐证材料，积极推动科技成果评价报告在促进科技成果转化过程中有效使用。

试点单位要制订详细的评价工作规章制度、流程，进一步完善科技成果评价指标体系，加强科技成果评价咨询专家队伍建设，深入探索建立面向市场的科技成果评价新机构。试点单位要加强对试点评价机构的指导、监督和检查。严格按照二期试点工作实施方案开展科技成果评价工作，并建立行为示范的试点评价机构退出机制。加强资源整合，推动建立科技成果评价协会或联盟。

二、引导不同性质的试点单位分类开展二期试点工作

地方、部门性质的单位，要侧重于建立有利于加快转变政府职能的科技成果评价机制；进一步改变管理方式，加强行业自律，大力支持社会专业评价机构的发展。此类试点单位要求确定两家以上（含两家）试点评价机构。

行业协会、学会及其他非政府性质的试点单，要侧重于建立面向市场的科技成果评价机制；要进一步明确开展科技成果评价的目的，主要是服务于市场需求，服务于科技成果转化和科技转移；要杜绝以开展科技成果评价为由进行高收费和乱收费。

三、探索市场导向的科技成果评价机制，推进科技成果标准化评价试点

一是在新形势下，探索建立市场导向的科技成果评价机制。明确科技成果评价的重要目的是为了应用推广、促进转化，要对科技成果的应用价值、技术及样品产品的成熟度、市场前景等做出科学、专业的评价。加强统筹协调，对市场导向的科技成果评价机制问题进行深入研究。二是推进试点评价机构与成果转化、技术交易等机构的合作。加强成果评价的跟踪与后续服务，促进被评价成果的转化应用与产业化。三是开展科技成果标准化评价试点。支持积极性并且具有条件的试点单位及其试点评价机构使用该方法进行评价，加强科技与金融的结合，促进科技成果转化交易。

四、加强对社会专业评价机构的指导和培育，加大对科技成果评价工作的支持和宣传力度

一是加强对社会专业评价机构的指导和培育。具备从事科技成果评级工作能力和条件的组织和机构，应根据科技部颁布的《科技评估管理暂行办法》（国科发计子〔2000〕588 号）及相关管理规定，认真履行科技成果评价工作的职责，恪守职业道德，加强行业自律，接受评价委托方和社会公众的监督，独立开展科技成果评价工作。积极开展针对试点评价机构及人员的培训，适时对科技成果评价活动进行抽查。二是注重对科技成果评价工作的支持和宣传，达成共识，为下一步全面深化改革奠定基础。加强对试点单位的政策指导，逐步扩大各领域科技成果评价覆盖率。通过网络信息平台、新闻媒体等渠道宣传科技成果评价工作和科技成果评价典型案例。

五、加快建立科学明晰的科技成果评价体系

一是妥善处理好科技成果评价与科技成果鉴定的关系。在进行评价试点的同时，推动非试点单位不断改进完善科技成果鉴定工作，实行分类革命、稳步推进。在条件成熟的地方和部门，积极倡导逐步取消科技成果鉴定，实施科技成果评价；条件尚不成熟的地方和部门（如科技行政能力相对较弱、社会专业评价机构不健全等），可暂时保留科技成果鉴定。二是加强对二期试点工作的跟踪、监督和指导，及时进行分析和总结。加强统筹协调，协同有关部门，明确科技成果评价的目的和作用，加快建立和完善符合市场规律和科技自身发展需求的科技成果评价体系。

二期试点单位要结合本实施意见，抓紧制订本单位二期试点工作实施方案并报送我办备案，按季度定期向我办报告二期试点工作进展情况，加强总结和经验交流，按期完成科技成果评价工作各项任务。

附件：二期科技成果评价试点单位和试点评价机构目录。

国家科学技术奖励工作办公室

2014 年 7 月 15 日

附表

二期科技成果评价试点单位和试点评价机构目录

序号	试点单位	试点评价机构
1	湖南省科技厅	湖南省林学会、湖南省机械工业协会、湖南省金属学会、湖南省石油化学工业协会、湖南省农学会、湖南省建材工业协会、湖南省公路学会、湖南省生产力促进中心、湖南省技术产权交易所、湖南省农业科学技术教育服务中心
2	青岛市科技局	青岛市科技创业服务中心、青岛科技工程咨询研究院
3	成都市科技局	成都市科技评估中心、成都生产力促进中心、成都西南交大科技园管理有限责任公司
4	苏州市科技局	苏州市科学技术情报研究所、常熟市生产力促进中心
5	科技部中国农村技术开发中心	中国农业大学科技园（北京建设大学）、中科合创科技推广中心
6	工业和信息化部科技司	工业和信息化部电信研究院、工业和信息化部电子科学技术情报研究所
7	农业部科技教育司	中国农学会、农业部科技发展中心、中国老科技工作者协会农业分会
8	中国有色金属工业协会科技部	中国有色金属工业协会科技部
9	中国制药装备行业协会	中国制药装备行业协会科技成果评价委员会
10	中国高科技产业化研究会	中国高科技产业化研究会
11	中国循环经济协会	中国循环经济协会
12	中国再生资源回收利用协会	中国再生资源回收利用协会
13	中国发展战略学研究会	中国发展战略学研究会
14	中国管理科学学会	南京敏捷企业管理研究所
15	全国工商联人才交流服务中心	全国工商联人才交流服务中心

关于印发《青岛市关于开展二期科技成果评价试点工作的实施方案》的通知

青科成字〔2014〕3 号

各区（市）科技局、驻青高校、科研院所、技术转移服务机构，有关单位：

根据国家科学技术奖励工作办公室《关于开展二期科技成果评价试点工作的实施意见》（国科奖字〔2014〕28 号），我市将全面开展国家科技成果评价二期试点工作，建立符合市场规律和科技自身发展的科技成果评价体系。现将《青岛市关于开展二期科技成果评价试点工作的实施方案》印发给你们，望遵照执行。

青岛市科学技术局

2014 年 7 月 31 日

一、总体要求和目标任务

（一）总体要求

根据《科技成果评价试点工作方案》《科技成果评价试点暂行办法》（国科办奖〔2009〕63 号）和《关于开展二期科技成果评价试点工作的实施意见》（国科奖字〔2014〕28 号）要求，通过采取先行试点、总结经验、稳步推进的原则，选择有条件的社会专业化机构开展科技成果分类评价试点工作，建立政府、行业、机构、评价师四位一体的符合市场规律和科技自身发展的科技成果评价服务体系。

（二）目标任务

到 2016 年年底，改进和完善科技成果评价程序、评价方法和指标体系，初步建立科技成果评价新的管理机制和责任机制，培育出一批专业化的科技成果评价机构，基本实现以标准化评价为主的多元化评价新模式体系框架。

二、基本原则

（1）先行试点、稳步推进。选择具备条件的社会专业化机构根据自身情况，各有侧重先行试点，取得经验后逐步推广。

（2）以政府指导、行业主导、专业评价机构为主体协同推进。建立政府、行业、评价机构和评价师四位一体的科技成果评价体系，主要依托社会专业评价机构开展科技成果评价，政府和行业积极给予指导和支持。

（3）市场导向、需求牵引、后轮驱动、专业规范。支持具备条件的技术转移机构对挂牌交易的科技成果进行标准化评价试点，积极探索科技金融与科技成果标准化评价的有效结合。

三、组织实施

（一）建立科技成果评价工作体系

建立政府、行业、机构和评价师四位一体的工作体系。市科技局作为科技成果评价主管部门，出台方案、制定政策；行业服务机构行业规范自律；评价机构专业化评价、社会化服务；评价师持证上岗，规范化、职业化开展科技成果评价。

科技成果评价将分社会公益类与市场竞争类，统一由科技成果评价行业服务机构（青岛市科技创业服务中心）组织实施。社会公益类仍执行科技成果评价试点一期的方案，由一期已选定的 4 家评价机构开展科技成果评价，行业审核确认，加盖科技成果评价专用章。市场竞争类科技成果评价由获得资质的技术转移机构，完成科技成果标准化评价后，报科技成果行业服务机构（青岛市科技创业服务中心）审核确认，加盖科技成果评价专用章。

经科技成果行业服务机构（青岛市科技创业服务中心）审核后的科技成果，评价机构需按国家科技成果登记要求进行登记。

（二）全面开展市场化的科技成果标准化评价

在技术交易市场和科技金融等领域全面开展市场化科技成果标准化评价。技术转移机构在推荐科技成果挂牌交易业务中，引入科技成果标准化评价，由持证上岗的科技成果评价师，对挂牌交易的科技成果开展专业化的评价；在科技金融业务中引入科技成果标准化评价，在科技信贷和天使投资等融资业务，通过科技成果标准化评价，实现科技成果资本化、证券化。

（三） 开展科技成果标准化评价培训

由科技成果评价行业服务机构（青岛市科技创业服务中心）牵头开展各类科技成果评价培训工作。行业培训机构与中关村科技评价研究院联合对我市具备条件的技术转移机构从业人员进行标准化评价的培训、考核、发证；后期结合标准化评价工作实际需求逐步扩大培训人员范围。

（四） 建立和完善责任机制

在分类评价试点过程中，重点明确行业服务机构、评价机构、评价咨询专家和评价师的职责义务，建立评价机构、咨询专家和评价师信誉制度，推进诚信建设，健全责任机制。

（1）行业服务机构主要负责制定详细的评价工作规章制度、流程，指导和帮助试点评价机构制定科技成果分类评价指标体系，加强监督、检查，建立行为失范的试点评价机构退出机制。

（2）科技成果评价委托方、评价机构和评价咨询专家，应遵守相关法律、法规、规章和政策规定，按照合同约定，履行各自的义务，承担各自的责任。发生争议时，根据《中华人民共和国合同法》等法律法规予以解决。

（3）科技成果评价委托方和成果完成方应当根据合同约定提供真实、完整的技术资料，必要时，应当提供专业检测、检索机构等专门机构出具的检测、检索报告或应用证明材料，严格履行与评价机构签订的科技成果评价合同，并对依据评价结论所做出的决策行为负责。

（4）评价机构及其工作人员必须严格遵守国家有关法律、法规、规章和政策的规定，认真履行科技成果评价工作的职责，恪守职业道德，加强自律，接受评价委托方和社会公众的监督。评价机构不得接受利益相关者的评价委托。评价机构必须维护评价成果所有者的知识产权，不得擅自向其他组织或者个人扩散相关技术资料，不得非法占有、使用、提供、转让他人的科技成果。

（5）保证评价机构及评价咨询专家的公正性和独立性。各部门不得向评价机构和评价咨询专家施加倾向性影响，评价机构也不得向评价咨询专家施加倾向性影响。评价机构不得聘请被评价科技成果的完成人员和完成单位人员等利益相关人作为评价咨询专家。

四、保障措施

(一) 出台鼓励政策

明确规定科技成果评价报告作为科技成果登记和推荐科技奖励的必要材料;为充分发挥科技成果评价报告在科技成果转化过程中的作用,在我市技术转移促进条例立法中明确了科技成果标准化评价的作用和地位;在科技成果转化技术转移补助资金管理办法中,明确支持高校科研机构将挂牌科技成果开展标准化评价,对开展科技成果标准化评价培训工作给予后补助;对一期试点的评价机构仍采用政府买服务的形式,服务费从年度科技奖励专项经费列支。

(二) 强化行业规范引导

行业服务机构与国内科技成果评价专业机构合作,建立我市科技三成果评价服务系统;大力开展科技成果标准化评价培训工作,规定列入标准化评价试点的技术转移机构至少有一名培训合格持证上岗的科技成果评价师;开展我市科技成果评价机构的资质认定、考核、监督管理和登记备案工作。

(三) 鼓励引导全社会开展科技成果标准化评价工作

扶持技术转移机构开展科技成果标准化评价业务,将其纳入市级技术转移机构认定和考核的内容;支持有条件的大企业集团开展科技成果标准化评价;支持高校科研机构开展科技成果标准化评价。

关于加快科技成果评价试点工作的通知

青科成字〔2015〕2号

各有关单位：

根据国家科学技术奖励工作办公室《关于开展二期科技成果评价试点工作的实施意见》（国科奖字〔2014〕28号）和青岛市科技局《青岛市关于开展二期科技成果评价试点工作的实施方案》，现将加快科技成果标准化试点工作的有关事项通知如下：

一、总体要求

科技成果标准化评价试点工作根据国家标准《科学技术研究项目评价通则》（GB/T 22900—2009），采用统一的技术度量标准，以技术专家咨询为核心、以第三方检验检测数据为依据，以第三方情报分析为参照，分析科技成果成熟度、创新度、领先度和经济社会效益，发现科技成果价值。

根据国家试点工作要求，我市将建立政府、行业、评价机构和评估师四位一体科技成果评价工作体系，全力推进评价机构社会化、评价业务市场化、评价方式专业化、从业人员职业化，基本实现以标准化评价为主的多元化评价新模式体系框架。

二、强化行业服务机构指导与服务

根据《关于规范完善青岛市科技成果评价试点工作的通知》（青科成字〔2013〕9号文），青岛市科技创业服务中心为我市科技成果评价行业服务机构，依据国家试点要求，加快建立科技成果全链条管理，建立科技成果分类评价模式，强化科技成果评估师职业培训，更好指导服务科技成果评价机构开展工作。

（一）建立科技成果全链条管理

将科技成果标准化评价作为科技管理重要环节，建立科技成果标准化评价、科技成果登记、科学技术奖励推荐的科技成果全链条管理流程。科技成果标准化评价可直接进行科技成果登记。

在技术交易市场挂牌交易规则中，将科技成果标准化评价作为成果估值工具，通过科技成果标准化评价，发现科技成果价值，为科技成果交易估值、作价入股和质押融资提供辅助决策。

（二）加快建立科技成果分类评价的模式

科技成果评价需求主要分为科技成果管理类评价、科研管理类评价、技术交易类评价。科技成果类评价用于成果评优和新产品市场推广宣传等，属于后评估类；科研管理类评价用于科研立项、监理和验收的评价，属于过程管理；技术交易类评价用于技术买卖、科技成果作价入股和融资等，属于价值发现类评价。行业服务机构根据不同类别，建立科技成果评价按需求分类评价规程。

科技成果管理类评价主要分为自然科学成果评价、应用研究成果评价和软科学成果评价等。科研管理类评价主要分为科研立项类评价、科研项目监理评价和科研项目结题验收类评价等。技术交易类评价主要分为技术成果买卖评价、技术成果作价入股评价、技术成果质押融资评价等。

按科技成果不同行业和领域，在生物技术、新材料、装备制造、电子信息四大领域，建设分行业和领域的评价标准体系。评价机构根据所处专业领域建立细分行业的评价标准体系，并在青岛市科技创业服务中心备案。

（三）强化科技成果评估师职业培训

开展科技成果评估师职业培训，将科技成果评估师培训纳入市技术经纪人培训体系中，设置科技成果评估师课程和考试，通过科技成果评估师培训和考试的技术经纪人，在技术经纪人从业资格证书中加科技成果评估师资质，可持证开展科技成果评估工作。

三、推进科技成果评价机构规范化和标准化

根据《关于开展青岛市第一批科技成果标准化评价机构认定工作的通知》，我市共有 28 家技术转移机构认定为科技成果标准化评价机构。评价机构依据《科学技术研究项目评价通则》和相关规定，建立科技成果评价专家咨询和科技成果第三方情报分析制度，积极推进第三方检验检测，开展科技成果评价工作。评价机构出具科技成果评价报告，报青岛市科技创业服务中心审核通过后，加盖科技成果评价专用章，并进行科技成果登记。

（一）建立科技成果评价专家咨询制度

在科技成果评价中引入领域行业专家咨询制度。科技成果评价需由领域或行业专家组成技术咨询专家组，技术咨询专家组的职责是协助制定评价方案、审核技术报告、技术凭证、第三方情报分析报告和第三方检验检测报告，出具技术专家咨询意见，评价报告需专家组组长签名确认。当咨询专家对评价意见有异议时，可出具保留意见。青岛市科技创业服务中心根据技术咨询专家意见，确定是否出具科技成果登记证书。

评价机构需签约一定数量的专家方可开展评价业务，签约技术专家职称需副高以上，并在青岛市科技创业服务中心备案。

（二）建立科技成果第三方情报分析制度

在科技成果评价中引入第三方情报分析制度。根据《科技查新机构管理办法》（国科发计字〔2000〕544号文），经科技主管部门认定的科技查新机构，按《科技查新规范》要求，对科技成果创新开展科技成果第三方情报分析，主要分析评价成果的创新度、对比参照数据等。青岛市科技创业服务中心根据第三方情报分析报告，确定是否出具科技成果登记证书。

（三）积极推进第三方检验检测

积极推进科技成果评价的第三方检验检测，引入第三方检验检测机构，以公正、权威的非当事人身份，根据有关法律、标准或合同，对被评价的科技成果进行测试分析，出具检验检测报告。第三方检验检测可结合青岛市大型仪器共享平台开展业务，按有关规定享受20%后补助。

四、加强科技评价诚信体系建设

建立科技成果评价机构认定和年度考核评估制度。根据《青岛市科技成果评价机构管理办法》，由青岛市科技创业服务中心开展科技成果评价机构认定工作，每年对科技成果评价机构进行考核，对考核不合格取消评价资质，考核情况向全社会公布。

建立科技成果评估师诚信制度。科技成果评估师对出具的科技成果评价报告终身负责，青岛市科技创业服务中心对科技成果评估师全年的科技成果评估业务进行考核，向社会公布考核情况。

建立科技成果评估大数据系统，将科技成果评价机构开展科技成果评价的情况进行数据分析，由行业信息服务机构定期发布，供社会参考。

建立科技成果评价技术咨询专家诚信制度。科技成果评价报告中技术咨询专家需向社会公示。

驻青岛高校院所和各区市科技管理部门按有关要求，认真组织所属区域单位开展科技成果评价工作，大力支持评价机构和企业开展科技成果评价工作，全力作好国家科技成果标准化评价试点工作。

联系方式：

市科技局成果处

联系人：徐文汇

联系电话：85911349

青岛市科技创业服务中心

联系人：蔡宇玉

联系电话：68686688-8087　　13153273183

蓝海技术交易网

http：//www. qdtem. net. cn

青岛市科学技术局

2015 年 4 月 23 日

关于印发《青岛市科技成果标准化
评价试点暂行办法》的通知

青科创字〔2014〕42 号

各有关单位：

为进一步规范完善我市科技成果标准化评价试点工作，按照青岛市科技局《关于印发青岛市关于开展二期科技成果评价试点工作的实施方案的通知》（青科成字〔2014〕3 号）要求，青岛市科技创业服务中心制定了《青岛市科技成果标准化评价试点暂行办法》，现印发你们，请在工作中认真贯彻执行。

青岛市科技创业服务中心

2014 年 11 月 4 日

青岛市科技成果标准化评价试点暂行办法

第一章　总则

第一条　根据国家科学技术奖励工作办公室《关于开展二期科技成果评价试点工作的实施意见》（国科奖字〔2014〕28 号）和青岛市科技局《关于印发青岛市关于开展二期科技成果评价试点工作的实施方案的通知》（青科成字〔2014〕3 号），我市将全面开展国家科技成果评价二期试点工作，建立符合市场规律和科技自身发展的科技成果评价体系，制定本办法。

第二条　本办法中科技成果是指市场竞争类科技成果，不包含社会公益科技成果。社会公益类科技成果评价申报主体主要是事业类单位的医疗卫生和社会科学，鼓励此类选择科技成果标准化评价。

第三条　本办法中科技成果标准化评价是指按照《科学技术研究项目评价通则》（GB/T 22900—2009）的标准，在国家科技成果标准化评价公共服务平台上对市场竞争类科技成果进行评价，出具评价报告。

第四条　科技成果标准化评价主要涉及科技成果评价委托方、评价行业服务机构、科技评估师及评价咨询专家四方面。科技成果评价应当遵循独立、客观和公正的原则，保证评价活动依据事实做出评价。有关各方应当遵循本办法，按照合同约定，履行各自的义务，承担各自的责任。发生争议时，根据《中华人民共和国合同法》等法律法规予以解决。

第五条　青岛市科技创业服务中心（简称创业中心）为我市科技成果评价行业服务机构（简称评价行业服务机构），负责建设科学规范、客观公正、职责明确、自律发展的科技成果评价体系，积极引导和支持符合条件的社会专业评价机构开展科技成果评价，并进行资质认定、考核、监督、管理工作以及科技成果标准化评价培训。

第二章　成果标准化评价范围和内容

第六条　凡青岛市辖区范围内的单位或个人所研究开发的市场竞争类科技成果均可按本办法评价。

第七条　本办法所指的科技成果标准化评价主要针对市场竞争类科技成果进行评价。2015年1月1日起，凡在青岛技术交易市场进行挂牌的项目必须出具标准化评价报告后方可挂牌交易。

第八条　科技成果标准化评价报告的主要内容包含：

（一）基本信息；

（二）技术分析报表；

（三）结构分析报表；

（四）效益分析报表；

（五）综合评价结论。

第三章　评价机构

第九条　科技成果标准化评价机构（简称评价机构）是指经创业中心资质认定，具有科技成果标准化评价业务能力，独立接受科技成果标准化评价委托，有能力提供科技成果标准化评价服务的社会中介服务机构和事业单位。

第十条　我市从事科技成果标准化评价相关工作的独立法人具备以下条件的，可以申请认定成为青岛市科技成果标准化评价机构：

（一）在青岛市内注册，具有独立法人资格的社团法人、事业法人、企业法人或民政部门登记的民办科技咨询机构，已认定为我市技术转移服务机构的优先支持；

（二）具有科技咨询、科技成果评价等相关工作经历，本科以上学历专职科技成果评估师不少于1人，持证上岗；

（三）具备相应专业领域的技术专家库，一般应当具有高级职称的专家50名以上；

（四）有健全的内部管理制度，包括制定的科技成果标准化评价工作规则、评价程序等管理制度；

（五）有固定的办公场所和必要的办公条件。

第十一条　申报评价机构资格，应当完整填写《青岛市科技成果标准化评价机构资格申报书》并提交相关附件材料，以书面和电子文本的方式同时报送创业中心，经创业中心审核批准设立和撤销。

第十二条　评价机构资质认定程序：

（一）申请机构向创业中心提出申请，并提交符合本办法第十条规定的相应证明材料，申请材料应当真实有效；

（二）创业中心对申请机构提交的申请材料进行书面审查，并自收到材料之日起5日内作出受理或者不予受理的书面决定；申请材料不齐全或者不符合法定形式的，应当一次性告知申请机构需要补正的全部内容；

（三）创业中心自受理申请之日起1个月内，对申请机构完成评审工作，并将审查结果予以公示；

（四）经批准认定的机构，由创业中心颁发青岛市科技成果标准化评价机构资格证书；不予批准的，创业中心应书面告知申请机构，并说明理由。

第十三条 评价机构具有以下权利：

（一）评价机构有权要求评价委托方提供必需的评价材料。

（二）存在下列情况之一时，评价机构可以拒绝接受评价委托：

（1）科技成果违反国家法律、法规规定或违背社会公德，对社会公共利益或者环境和资源可能造成危害的；

（2）科技成果根据国家法律、法规规定必须经过法定的专门机构审查确认，而尚未经依法审查确认的；

（3）科技成果涉及国家秘密的；

（4）科技成果存在知识产权权属争议，且尚未解决的；

（5）评价委托方、科技成果完成者提供虚假情况或不能提供评价所需材料的。

第十四条 评价机构具有以下义务：

（一）评价机构不得受托和承担涉及国家秘密的成果评价，依法取得有关涉密资质的除外。

（二）评价机构应当根据需要评价的技术内容和要求与评价委托方协商，依法订立合同，并按照创业中心要求登记备案。

（三）评价机构开展评价工作的程序应当符合本办法的要求。

（四）评价机构应当保证所聘请的评价咨询专家的独立性，不得向评价咨询专家施加倾向性影响。

（五）评价机构有义务指导评价委托方完成标准化评价自评报告。评价机构在形成评价结论的过程中不能使用、依赖没有充分依据支持的结论和判断。

（六）评价机构对其依据委托方提供的技术资料所做出的评价结论负责。

（七）评价机构及其工作人员，应当严格遵守科学道德和职业道德规范，严禁收受礼金，保证科技成果评价的严肃性和科学性。未经委托方和成果完成者同意，擅自披露、使用或者向他人提供和转让被评价科技成果的关键技术的，依法追究其法律责任。

第十五条 补助政策：

对开展科技成果标准化评价机构，按成果登记时间顺序，前200项，每项补助1000元，单一机构补助项目数不超过20项（含20项）。

第四章　成果标准化评价

第十六条　科技成果标准化评价可由成果使用方、完成者或项目管理部门（单位）作为委托方提出。对符合评价范围的，评价机构与委托方签订委托评价合同，按照评价程序开展评价工作；对不符合评价范围的，不得接受委托。

第十七条　科技成果标准化评价按照《科学技术研究项目评价通则》（GB/T 22900—2009）的标准，在国家科技成果标准化评价公共服务平台上对市场竞争类科技成果进行评价，出具评价报告。

第十八条　评价委托方根据科技成果标准化评价要求完成自评价报告。

第十九条　科技成果评价委托方和成果完成者应当提供真实的技术资料，因提供虚假数据和资料而产生的相关法律责任由数据和资料提供者承担。

第二十条　科技成果标准化评价收费：

科技成果标准化评价收费按行业规范自律的原则，进一步明确开展科技成果评价的目的，主要是服务于市场需求，服务于科技成果转化和技术转移；杜绝以开展科技成果评价为由进行高额收费和乱收费。

第二十一条　科技成果标准化评价按下列程序进行：

（一）委托方向评价机构提出成果标准化评价需求申请。

（二）评价机构接受评价委托，与委托方签订评价合同，约定有关评价的要求、完成时间和费用等事项。

（三）评价机构指导委托方在国家科技成果标准化评价公共服务平台/TTN 系统上完成自评价报告。

（四）评价机构负责审核资料，包括平台填写自评价报告及相关纸质材料。

（五）针对关键技术点，评价机构可以聘请相关行业专家提出评价意见。

（六）评价机构对系统形成的技术报表进行解读，形成结论，出具评价报告。

（七）评价机构在平台上提交评价报告，经中关村科技评价研究院审核完成后提交至创业中心。

（八）创业中心对评价机构提交的评价报告及全过程评价材料进行形式审

核，经审核无误后在科技成果评价报告上签章，备案。

第二十二条　科技成果评价的完整技术资料（包括评价报告和全过程评价材料）由评价机构和委托方按档案管理部门的规定归档。

第二十三条　科技成果评价完成后成果委托方需按国家科技成果登记要求进行登记。登记结果报送至各评价机构，由评价机构统一报送给创业中心。

第五章　评价咨询专家

第二十四条　评价咨询专家应具备的条件：

（一）具有高级技术职务；

（二）遵守国家法律法规和社会公德，具有严谨的科学态度和良好的职业道德；

（三）熟悉《中华人民共和国科学技术进步法》《中华人民共和国促进科技成果转化法》、科技部《科学技术评价办法（试行）》《科技评估管理暂行办法》《科技成果评价试点暂行办法》和本办法；

（四）对评价成果所属专业领域有较丰富的理论知识和实践经验，熟悉国内外该领域技术发展的状况，在该领域具有一定的学术权威。

第二十五条　评价咨询专家应当坚持实事求是、科学严谨的态度，遵守如下行为规范：

（一）维护评价成果所有者的知识产权，保守被评价成果的技术秘密。评价工作完成后，有关评价成果的所有材料应当全部退还给评价机构，不得向其他组织或者个人扩散，不得非法占有、使用、提供、转让。

（二）自觉坚持回避原则，不接受邀请参加与评价成果有利益关系或可能影响公正性的评价。

（三）提供的评价意见应当清晰、准确地反映评价成果的实际情况，并对所出具的评价意见负责。

（四）不得收受除约定的咨询费之外的任何组织、个人提供的与评价有关的酬金、有价物品或其他好处。

第二十六条　参加成果评价的咨询专家，由评价机构主要从科技成果评价专家库中遴选。委托方、成果完成单位等关联单位的人员不得作为评价咨询专家参加对其成果的评价。

第二十七条 评价咨询专家在成果评价中享有下列权利：

（一）对科技成果独立做出评价，不受任何单位和个人的干涉；

（二）通过评价机构要求科技成果完成者提供充分、翔实的技术资料（包括必要的原始资料），向科技成果完成单位或者个人提出质疑并要求做出解释，要求复核试验或者测试结果；

（三）充分发表个人意见，有权要求在评价结论中记载不同意见；

（四）有权要求排除影响成果评价工作的干扰，必要时可向评价机构提出退出评价请求。

第六章　评价报告

第二十八条 评价报告是评价机构以书面形式就评价工作及其结论向评价委托方做出的正式陈述。

第二十九条 评价报告应当有项目负责人签字，科技评估师签字，评价咨询专家的签字，加盖委托单位公章、评价机构公章，经创业中心形式审核，登记备案，并加盖青岛市科学技术成果评价专用章。

第三十条 评价结论。

（一）评价结论应包含技术评价、结构评价、效益评价，项目所处的技术创新水平/技术成熟度（TIL）级别及评价机构建议。

（二）评价结论属咨询意见，供使用者参考。依据评价结论做出的决策行为，其后果由行为决策者承担。

（三）在征得评价委托方和成果完成者同意后，评价结论、评价机构名称和评价咨询专家名单一般应以适当方式公开。

第七章　组织管理

第三十一条 评价机构的考核管理：

（一）创业中心对评价机构实行日常检查和年度考核制。创业中心不定期对评价机构进行日常检查，每年3月份组织对评价机构上年度工作进行年度考核。

（二）对评价机构的日常检查内容主要针对评价机构的评价过程和评价人员的行为是否规范进行检查。包括评价咨询专家的选取质量、结构是否合理；

评价程序、评价报告是否规范；评价档案是否完整；评价合同履行情况；争议和投诉的处理办法和结果等。

（三）对评价机构的年度考核综合日常检查的情况，考核结果分为优秀、良好、合格和不合格四类。考核具体指标分值及其说明另行发布。

第三十二条　创业服务中心负责开展各类科技成果评价培训工作。对我市具备条件的技术转移机构从业人员进行标准化评价的培训、考核、发证；参加科技评估师职业培训，考试合格并取得证书的科技评估师，给予 2000 元/人的补助资金；

第三十三条　评价机构进行科技成果评价，应当尊重科技成果的知识产权，违反法律规定的应当承担法律责任。

第三十四条　评价机构及其专职工作人员和专家必须保守被评价科技成果的商业秘密和技术秘密，未经委托方许可，不得将被评价科技成果的有关文件、资料和数据以任何方式向他人提供或公开。不得利用科技成果评价得到的非公开商业秘密和技术秘密，为本人或他人谋取私利。

第三十五条　评价机构违反本办法规定，致使评价结果严重失实的，创业中心可根据其情节轻重进行以下处罚：

（一）限期改正；

（二）通报批评；

（三）停止科技成果评价业务并整顿；

（四）撤销评价机构资格。

第三十六条　参与科技成果评价的专家，从收到参加评价工作的邀请至评价工作结束，不得擅自与委托方或评价对象所涉及的主体单位或机构进行与评价业务有关的联系。

第三十七条　专职人员、专家违反上述规定的，评价机构有权取消其参加科技成果评价的资格。

第三十八条　评价机构存在下列情形之一的，撤销评价机构资质，自被撤销资质之日起一年内不得再次申请资质认定。存在违法行为的，依法承担法律责任，给评价委托方造成损失的，应当赔偿损失。

（一）出具虚假评价结论或者出具的评价结论严重失实，情节严重；

（二）评价委托方提出异议，未妥善处理，造成社会不良影响；

（三）评价机构年度检查不合格，限期整顿后，经检查仍达不到要求；

（四）评价过程中存在其他违规违法行为。

第八章　附则

第三十九条　本办法自发布之日起施行。

关于印发《青岛市科技成果标准化评价机构
管理办法（试行）》的通知

青科创字〔2015〕19号

各有关单位：

为大力培育和发展我市科技成果标准化评价机构，加快建立与完善我市以标准化评价为主的多元化评价新模式体系，促进技术转移和成果转化，根据国家科学技术奖励工作办公室《关于开展二期科技成果评价试点工作的实施意见》（国科奖字〔2014〕28号）和青岛市科技局《关于印发青岛市关于开展二期科技成果评价试点工作的实施方案的通知》（青科成字〔2014〕3号）、《关于加快科技成果评价试点工作的通知》（青科成字〔2015〕2号）有关安排，按照《青岛市科技成果标准化评价试点暂行办法》（青科创字〔2014〕42号）具体规定，结合我市实际，制定本办法。现印发给你们，望遵照执行。

青岛市科技创业服务中心

2015年5月13日

青岛市科技成果标准化评价机构管理办法（试行）

第一条 为大力培育和发展我市科技成果标准化评价机构，加快建立与完善我市以标准化评价为主的多元化评价新模式体系，促进技术转移和成果转化，根据国家科学技术奖励工作办公室《关于开展二期科技成果评价试点工作的实施意见》（国科奖字〔2014〕28号）和青岛市科技局《关于印发青岛市关于开展二期科技成果评价试点工作的实施方案的通知》（青科成字〔2014〕3号）、《关于加快科技成果评价试点工作的通知》（青科成字〔2015〕2号）有关安排，按照《青岛市科技成果标准化评价试点暂行办法》（青科创字〔2014〕42号）具体规定，结合我市实际，制定本办法。

第二条 青岛市科技创业服务中心（以下简称"创业中心"）为我市科技成果评价行业服务机构（以下简称"行业服务机构"），依据国家试点要求，加快建立科技成果全链条管理，建立科技成果分类评价模式，强化科技成果评估师职业培训，更好地指导服务科技成果评价机构开展工作。创业中心负责建设科学规范、客观公正、职责明确、自律发展的科技成果评价体系，积极引导和支持符合条件的社会专业评价机构开展科技成果评价，并进行资质认定、考核、监督、管理工作以及科技成果标准化评价培训、科技评估师的日常管理和考核工作。

第三条 科技成果标准化评价机构（以下简称"评价机构"）是指经创业中心资质认定，具有科技成果标准化评价业务能力，能够独立接受委托，并提供科技成果标准化评价服务的科技服务机构。评价机构应当按照《青岛市科技成果标准化评价试点暂行办法》（青科创字〔2014〕42号）有关规定为当事人提供科技成果标准化评价服务，签订服务合同，收取服务费用，在合同约定的时间内完成服务事项，自出具评价报告之日起一个月内协助当事人进行科技成果登记。

第四条 具备以下条件的，可以申请评价机构：

（一）在青岛市注册、具有独立法人资格的社团法人、事业法人、企业法人或民政部门登记的民办科技咨询机构，对已认定为我市技术转移服务机构的优先支持；

（二）开展科技咨询、科技成果评价等相关领域业务，一般应在 3 年以上；具有相应专业本科学历以上的专职人员不少于 5 人，其中直接从事科技成果评价工作的人员不少于 1 人，且须持有青岛市科技评估师证书，持证上岗，定期参加国家和地方的科技成果评价服务培训；

（三）具备相应专业领域的技术专家库，一般应当具有 5 名以上副高级职称的专家；

（四）有健全的内部管理制度，包括制定科技成果标准化评价工作规则、评价程序、内控制度等管理制度；

（五）有固定的办公场所和必要的办公条件；

（六）行业服务机构规定的其他条件。

第五条　评价机构资质认定程序：

（一）申请评价机构资质的单位，应当以书面形式向创业中心提出申请并按要求报送申报材料，申请材料应当真实有效；

（二）创业中心对申请机构提交的申请材料进行书面审查，经审核通过后由创业中心予以公示。

第六条　科技评估师实行岗位责任制，持证上岗。科技评估师应当忠于职守、廉洁公正、文明服务，正确执行法律、法规和政策，履行岗位职责，提高工作质量、效率，并具备以下条件：

（一）具有大专以上学历或中级以上专业技术职称；

（二）具有相应的专业技术知识、有关法律知识和职业道德；

（三）科技评估师须经过培训、考核，成绩合格，取得青岛市科技评估师证书后，方能从事科技成果标准化评价工作；

（四）年审换证：科技评估师需每年参加创业中心组织的年审，连续两年年审通过后换发新证。

第七条　评价机构、科技评估师具有以下义务：

（一）评价机构应当归类整理评价过程中形成的工作记录和获取的材料，并对评价报告等文件所依据的事实、国家和地方相关规定以及评估师的分析判断做出说明，形成记录清晰的工作底稿，做好科技成果评价档案的保管工作；

（二）评价机构应当自主完成评价工作，对本机构不能承担的评价工作，可向委托方推荐其他专业评价机构；

（三）评价机构应当保证所聘请的评价咨询专家的独立性，不得向评价咨询专家施加倾向性影响；

（四）评价机构、科技评估师应勤勉尽责，审慎履行调查、核查、验证、分析、判断等工作，在形成评价结论的过程中不能使用、依赖没有充分依据支持的结论和判断。发现委托人提供的材料有虚假记载、误导性陈述、重大遗漏，或者委托人有侵权、重大违法行为的，应当要求委托人纠正、补充；

（五）评价机构、科技评估师对其依据委托方提供的技术资料所做出的评价结论负责；

（六）评价机构应当做好基础数据的收集和管理，按规定完成行业服务机构要求的统计工作，不得虚报、瞒报、拒报有关统计数据；

（七）评价机构应当按合同约定收取评价费用，评价费用不应随最终评价结论而变动；

（八）评价机构及其工作人员，应当严格遵守科学道德和职业道德规范，保证科技成果评价的严肃性、科学性、独立性。未经委托方和成果完成者同意，擅自披露、使用或者向他人提供和转让被评价科技成果的关键技术的，须承担相应法律责任。

第八条 从事标准化评价的机构和个人，应当遵守法律、法规，按照公平竞争、平等互利和诚实信用的原则开展业务活动，不得损害国家和社会公共利益，不得侵犯他人合法权益。

评价机构的科技评估师、工作人员及服务人员应当严格履行职责，遵纪守法，公正廉洁，遵守职业道德；应当自觉保守当事人有关商业秘密，涉及国家安全或者重大利益需要保密的，应当采取保密措施。发生违反本条规定的行为，一经发现通报批评，责令限期改正，涉嫌犯罪的，依法移送司法机关处理。

第九条 创业中心负责我市评价机构的日常管理和监督，按月、季、年向市科技局报告科技成果评价与成果登记情况。

第十条 创业中心负责组织全市科技成果标准化评价机构的年度考核与评估，负责建立科技成果评价大数据系统，将评价机构、科技评估师和技术咨询专家统一纳入系统进行管理，建立以守信激励和失信约束为奖惩机制的诚信体系。

第十一条　青岛市科技成果标准化评价机构的考核：

（一）对被评定为青岛市科技成果标准化评价机构的单位实行年度考核制。

（二）对评价机构的考核主要围绕标准化评价业务开展情况和规范执行等内容进行。考核具体指标及其说明另行发布。

（三）对连续两年考核不合格的机构，取消其标准化评价服务机构的资格。

（四）对做出突出贡献的单位和个人给予表彰。

第十二条　评价机构发生以下情况的，予以撤销并进行公示：

（一）对连续两年考核不合格的机构；

（二）冒用、借用他人科技评估师证书开展业务的；

（三）评价机构及其工作人员，违反科学道德和职业道德规范，在经营过程中因造假、帮助他人造假或侵犯他人知识产权受到查处的或受到投诉经核查属实的；

（四）因从事的经营活动违法受到投诉或被诉讼，并被有关部门或司法机关查处或败诉的；

（五）设立单位申请撤销的。

第十三条　本办法由创业中心负责解释，自发布之日起试行。

关于印发《青岛市科技成果标准化评价咨询 专家备案管理办法（试行）》的通知

青科创字〔2015〕20 号

各科技成果标准化评价机构，各有关单位：

根据青岛市科技局《关于加快科技成果评价试点工作的通知》（青科成字〔2015〕2 号）的要求，为推进科技成果评价机构规范化和标准化，在科技成果评价中引入领域行业专家咨询制度，为规范各评价机构签约专家的程序化、制度化，特制定本办法。现印发给你们，望遵照执行。

青岛市科技创业服务中心

2015 年 5 月 13 日

青岛市科技成果标准化评价咨询专家备案管理办法（试行）

第一条 根据青岛市科技局《关于加快科技成果评价试点工作的通知》（青科成字〔2015〕2 号）的要求，为推进科技成果评价机构规范化和标准化，在科技成果评价中引入领域行业专家咨询制度，为规范各评价机构签约专家的程序化、制度化，特制定本办法。

第二条 本办法所称咨询专家，是指评价机构聘请的参与我市科技成果标准化评价工作，对有关事项提出咨询意见的专业人员。

第三条 咨询专家实行签约制，评价机构需与咨询专家签订服务协议，及时到青岛市科技创业服务中心备案。评价机构签约专家不少于 5 人。

第四条 咨询专家应具备下列条件：

（一）从事相关专业领域工作一般应满 10 年，具有副高以上技术职称；

（二）熟悉国家、省、市方针政策，遵守国家法律法规和社会公德，具有严谨的科学态度和良好的职业道德；

（三）对评价成果所属专业领域有较丰富的理论知识和实践经验，熟悉国内外该领域技术发展的状况，在该领域具有一定的学术权威；

（四）学风正派，坚持原则，办事公正，不受部门、单位及个人利益影响。能集思广益，善于听取各方面意见。

（五）具有足够的时间和精力参与评价工作，原则上最多在 3 家评价机构兼任咨询专家。

第五条 评价机构签约咨询专家进行科技成果标准化评价，应按照下列程序进行：

（一）评价机构根据评价成果的特点和所属专业领域等，聘请相关咨询专家，与专家签订服务协议；

（二）评价机构要求科技成果完成者提供充分、翔实的技术资料（包括必要的原始资料），征求专家对成果材料编写情况、行业代表性技术分析以及项目创新点等方面的意见，反馈给委托单位；

（三）咨询专家协助评价机构制定评价方案、审核技术报告、技术凭证、第三方情报分析报告和第三方检验检测报告，出具技术专家咨询意见；

（四）咨询专家对评价机构和评估师给出的综合结论进行确认，专家组长在评价结论签名。当咨询专家对评价意见有异议时，可出具保留意见。

第六条 评价咨询专家在成果评价中享有下列权利：

（一）对科技成果独立做出评价，不受任何单位和个人的干涉；

（二）对科技成果完成单位或者个人提出质疑并要求做出解释，要求复核试验或者测试结果；

（三）充分发表个人意见，有权要求在评价结论中签署保留意见；

（四）有权要求排除影响成果评价工作的干扰，必要时可向评价机构提出退出评价请求。

第七条 咨询专家应当坚持实事求是、科学严谨的态度，遵守如下行为规范：

（一）维护评价成果所有者的知识产权，保守被评价成果的技术秘密。评价工作完成后，有关评价成果的所有材料应当全部退还给评价机构，不得向其他组织或者个人扩散，不得非法占有、使用、提供、转让；

（二）自觉坚持回避原则，不接受邀请参加与评价成果有利益关系或可能影响公正性的评价；

（三）提供的评价意见应当清晰、准确地反映评价成果的实际情况，并对所出具的评价意见负责；

（四）不得收受除约定的咨询费之外的任何组织、个人提供的与评价有关的酬金、有价物品或其他好处；

（五）委托方、成果完成单位等关联单位的人员不能作为评价咨询专家参加对其成果的评价。

第八条 青岛市科技创业服务中心负责对评价机构签约的咨询专家进行备案管理，并及时更新咨询专家信息。

第九条 咨询专家经过创业中心备案后，统一纳入评价咨询专家库，并按专业分类，实行动态管理、诚信管理，并将科技成果评价报告中技术咨询专家的信息向社会公示。

第十条 本办法由创业中心负责解释，自发布之日起试行。

参考文献

［1］ 中国国家标准化管理委员会．GB/T 22900—2009 科学技术研究项目评价通则［S］．北京：中国标准出版社，2009．

［2］ 巨建国，汤万金．科技评价理论与方法：基于技术增加值［M］．北京：中国计量出版社，2008．

［3］ 格雷戈里·豪根．有效的工作分解结构［M］．北京广联达慧中软件技术有限公司，译．北京：机械工业出版社，2005．

［4］ 科兹纳．项目管理计划、进度和控制的系统方法［M］．11版．杨爱华，王丽珍，洪宇，等，译．北京：电子工业出版社，2014．

［5］ 青岛市科技局．DB 3702/ FW KJ 003—2017 科技成果标准化评价规范［S］．青岛：青岛市科技局，2017．

［6］ 高艳红，杨建华，杨帆．技术先进性评估指标体系构建及评估方法研究［J］．科技进步与对策，2013（05）：138-142．

［7］ Grayson M. Symposium overview：Raising standards［J］. Nature, 2015, 520（7549）：S10-S12.

［8］ Moorhouse D J. Detailed definitions and guidance for application of technology readiness levels［J］. Journal of aircraft, 2002, 39（1）：190-192.

［9］ Indelicato G. Work Breakdown Structures for Projects, Programs, and Enterprises［J］. Project Management Journal, 2009, 40（1）：136.

［10］ Indelicato G. Building a Project Work Breakdown Structure：Visualizing Objectives, Deliverables, Activities, and Schedules［J］. Project Management Journal, 2009, 40（3）：85.

［11］ Mulenburg G. Work Breakdown Structures：The Foundation for Project Management Excellence［J］. Journal of Product Innovation Management, 2010, 27（5）：779-781.

［12］ Khera R, Ransom P, Speth T F. Using work breakdown structure models to develop unit treatment costs ［J］. Journal American Water Works Association, 2013, 105 （11）: 61-62.

［13］ Nan R, Drake J R, Yixin L, et al. Review and outlook of work breakdown structure for complex product manufacturing ［J］. International Journal of Manufacturing Technology and Management, 2014, 28 （4-6）: 200-216.

［14］ Sharon A, Dori D. A Project-Product Model-Based Approach to Planning Work Breakdown Structures of Complex System Projects ［J］. Ieee Systems Journal, 2015, 9 （2）: 366-376.

［15］ Ibrahim Y M, Kaka A, Aouad G, et al. Framework for a generic work breakdown structure for building projects ［J］. Construction Innovation, 2009, 9 （4）: 388-405.

［16］ Polonski M. Application of the work breakdown structure in determining cost buffers in construction schedules ［J］. Archives of Civil Engineering, 2015, 61 （1）: 147-161.

［17］ Yaohua X, Chuanbo C. Study on Work Breakdown Structure Model of Software Project ［J］. Application Research of Computers, 2006, 23 （8）: 19-21.

［18］ 曾建勋. 技术先进性评价的文献计量法 ［J］. 情报知识, 1987 （04）: 29-32.

［19］ 魏永涛. 工作分解结构 WBS 技术 ［J］. 中国高新技术企业, 2011 （25）: 50-52.

［20］ Siami-Irdemoosa E, Dindarloo S R, Sharifzadeh M. Work breakdown structure （WBS） development for underground construction ［J］. Automation in Construction, 2015, 58: 85-94.

［21］ Bo N, Yi C. Study on Project Management Information System of Engineering Based on WBS ［A］. X. Ching, and V. Dvorik. Proceedings of the First International Conference on Information Sciences, Machinery, Materials and Energy ［C］. 2015: 700-704.

［22］ 郭玲. "工作分解结构" 在项目管理中的应用 ［J］. 宁夏电力, 2014 （02）: 46-50.

［23］Kun H. Evaluation：Moving away from metrics ［J］. Nature，2015，520 （7549）：S18-S20.

［24］晁毓欣. 美国联邦政府项目评级工具（PART）：结构、运行与特征 ［J］. 中国行政管理，2010（05）：33-37.

［25］徐耀玲，唐五湘，吴秉坚. 科技评估指标体系设计的原则及其应用研究 ［J］. 中国软科学杂志，2000（02）：48-62.

［26］Boulart C，Connelly D P，Mowlem M C. Sensors and technologies for in situ dissolved methane measurements and their evaluation using Technology Readiness Levels ［J］. Trac-Trends in Analytical Chemistry，2010，29（2）：186-195.

［27］Tapia-Siles S C，Coleman S，Cuschieri A. Current state of micro-robots/devices as substitutes for screening colonoscopy：assessment based on technology readiness levels ［J］. Surgical Endoscopy and Other Interventional Techniques，2016，30（2）：404-413.

［28］聂亚军. 工作分解结构（WBS）在发动机型号研制中的应用 ［J］. 航空发动机，2007（01）：51-54.

［29］冯秀珍，张杰，张晓凌. 技术评估方法与实践 ［M］. 北京：知识产权出版社，2011.

［30］熊耀华，陈传波. 软件项目工作分解结构模型研究 ［J］. 计算机应用研究，2006（08）：19-21.

［31］恩格斯. 自然辩证法 ［M］. 北京：人民出版社，2015.

［32］王乃彦. 科技评价对科研诚信的影响 ［J］. 科学与社会，2016（04）：1-3.

［33］苑泽明. 无形资产评估 ［M］. 上海：复旦大学出版社，2005.

［34］余恕连. 无形资产评估 ［M］. 北京：对外经济贸易大学出版社，2003.

［35］李辉. 专有技术的收益法评估 ［J］. 中国资产评估，2005（07）：15-17.

［36］国家知识产权局专利管理司，中国技术交易所. 专利价值分析指标体系操作手册 ［M］. 北京：知识产权出版社，2012.

［37］马亨德拉·拉姆辛哈尼. 如何成为一名成功的风险投资人 ［M］. 2 版.

路蒙佳，译. 北京：中国金融出版社，2015.

[38] 内部资料：巨建国，夏晓蔚，何小敏. 科技评估师职业培训教材.

[39] 中国国家标准化管理委员会. GB/T 7714—2005 文后参考文献著录规则 [S]. 北京：中国标准出版社，2005.

[40] Porter A L, Cunningham S W. 技术挖掘与专利分析 [M]. 陈燕，等，译. 北京：清华大学出版社，2012.

[41] 马天旗. 专利转移转化案例解析 [M]. 北京：知识产权出版社，2017.

[42] 张晓凌，张玢，庞鹏沙. 技术转移绩效管理 [M]. 北京：知识产权出版社，2014.

[43] Thiel P, Masters B. 从 0 到 1 [M]. 高玉芳，译. 北京：中信出版社，2015.

[44] 王铮. 第三类新药研发项目中的风险评估研究 [D]. 苏州：苏州大学，2013.

[45] Carver L. 风险投资估值方法与案例 [M]. 陈湲，等，译. 北京：机械工业出版社，2016.

[46] 崔绪治，黄辛隐. 创新分类刍议 [J]. 南京政治学院学报，2000 (01)：48−52.

[47] 魏江，王琳，胡胜蓉，等. 知识密集型服务创新分类研究 [J]. 科学学研究，2008 (S1)：195−201.

[48] 吴晓波，胡松翠，章威. 创新分类研究综述 [J]. 重庆大学学报（社会科学版），2007 (05)：35−41.

[49] 李鹏. 技术创新与技术扩散的微观经济分析 [D]. 北京：中国社会科学院研究生院，2002.

[50] 薛春志. 日本技术创新研究 [D]. 长春：吉林大学，2011.

[51] Wang J, Liu Y, Chen L, et al. Using the Technology Readiness Levels to Support Technology Management in the Special Funds for Marine Renewable Energy [A]. Oceans 2016 − Shanghai [C]. 2016.

[52] Wang Y, Wang S. Integrated technology assessment for medical equipment based on technology readiness levels [J]. Journal of Third Military Medical University，2015，37 (23)：2405−2408.

［53］Britt B L, Berry M W, Browne M, et al. Document classification techniques for automated technology readiness level analysis ［J］. Journal of the American Society for Information Science and Technology, 2008, 59 (4): 675-680.

［54］Conrow E H. Estimating Technology Readiness Level Coefficients ［J］. Journal of spacecraft and rockets, 2011, 48 (1): 146-152.

［55］许娜颖. 中国主要专利检索数据库简介 ［J］. 中国发明与专利, 2014 (09): 35-37.

［56］杨中楷. 基于专利计量的专利制度功能分析 ［D］. 大连: 大连理工大学, 2007.

［57］李达, 王崑声, 马宽. 技术成熟度评价方法综述 ［J］. 科学决策, 2012 (11): 85-94.

［58］梁聪久. 世界知识产权组织及其网站数据库的利用 ［J］. 科技情报开发与经济, 2012 (14): 84-87.

［59］张建民. 对我国无形资产评估结果失真的分析 ［J］. 金融教学与研究, 2009 (02): 53-55.

［60］冯兴明. 无形资产评估准则的应用研究 ［D］. 西安: 长安大学, 2014.

［61］蒋荣兵. 技术类无形资产评估方法研究 ［D］. 北京: 对外经济贸易大学, 2003.

［62］李雪城. 技术类无形资产收益分成率的深入研究 ［D］. 北京: 首都经济贸易大学, 2013.

［63］李争艳. 无形资产评估的收益法研究 ［D］. 大连: 东北财经大学, 2005.

［64］刘剑波. 我国无形资产评估及其收益法研究 ［D］. 大庆: 大庆石油学院, 2005.

［65］曾志华, 王强. 专利文献与信息检索 ［M］. 北京: 知识产权出版社, 2013.

［66］孟俊娥. 专利检索策略及应用 ［M］. 北京: 知识产权出版社, 2010.

［67］陈琼, 朱传方, 辜清华. 化学化工文献检索与应用 ［M］. 北京: 化学工业出版社, 2014.

［68］王良超，高丽．文献检索与利用教程［M］．北京：化学工业出版社，2014.

［69］中国科学院计划局．中国科学院科学技术研究成果管理办法［J］．中国科学院院刊，1986（03）：283-285.

［70］Conrow E H. Technology Readiness Levels and Space Program Schedule Change［J］. Journal of spacecraft and rockets，2011，48（6）：1068-1071.

［71］Xu J，Liang Y，Wang G，et al. Method for Technology Readiness Levels Evaluation of Tactical Missile Based on High Dimension Cloud Model［J］. Journal of Projectiles，Rockets，Missiles and Guidance，2015，35（5）：13-16.

［72］Rybicka J，Tiwari A，Leeke G A. Technology readiness level assessment of composites recycling technologies［J］. Journal of cleaner production，2016，112：1001-1012.

［73］Jimenez H，Mavris D N. Characterization of Technology Integration Based on Technology Readiness Levels［J］. Journal of aircraft，2014，51（1）：291-302.